#1

5		4				6	1	3
7								9
		3				2		
			2	9		5		4
6	4	5			7		2	
		2			4			
2	1	6	3		9		8	
				8		4		
			6			3	9	

#2

			5				9	1
	8					6		
				6	7	3		
			9			8		5
5		9			8	1		
			7	5		9	6	
4	3			7		5	1	
6		1	4		5		2	
		8						

#3

8	2	1		6				
3				2			4	5
			9			1		
						3	8	
	9				7			
		3		1			5	7
							3	
				4		6		
	7		6		9	4		

#4

	5				8			
	7		1	3	5	4		9
3	2		7		9	5		
4	8	5	3		1			7
7	6	3			2			
				7		8		
9				8				
			9	4			5	6
5		7		1				8

#5

		7				4	8	
3		8			9			
9			8	1	7			
					3			4
4						2		
		3		4		8	9	1
6				2	5			8
	4				8	1		
	1	2	3				5	

#6

7	4		3			2	5	9
			7					6
	2			4	6		7	
	3		8			7	6	
1	5	9	6	2				
			1	3		5		
	8	4		6		9		7
	7					6		5
	9		4		5		2	

#7

				8			2	4
				7	4	5	9	
4		9		6				
	9	2				6	5	
				2			7	3
		6						2
			2	3				5
2	8					4	3	9
5		3	7				8	

#8

6		5						
4		8	5	7		3		
	9			8			5	7
		7		1			4	
	8		4	3	5	2		
		9						8
					8			
				4	3	7		
8			9	5	7	1		

#9

			2	7	9			
					1			
			3			7		8
				8	3	2		
	2			9		1		
8					7	9	5	
	5	2					4	
4		6				3	1	2
7	8			1		6		

#10

								9
8	5	6	9					1
		1		4				
	1	9	3	6		8		4
4		7		5			1	
			2					
					6	7		
		3		2				
	2		1			6		5

#11

	1						6	5
7		8		6			2	
2	6	5		3			9	
				4	3			
						8	3	
8				1		9	4	
1	7		3			4	8	9
9	8					5	1	3
				8				

#12

1		9	6					
						4	1	2
	8			5	1	7		
	5				4		7	1
8		1	5	7	2	9	4	6
		4		1	6	5	2	
4	1		2	3		6	8	
	2	8		6	5	1	9	
9					8		5	

#13

9			4			3		2
		2	1	8	5	9		6
4				3			8	
7	8				6	4		
2	3		7			5	6	8
			3	5		7		
							3	5
5			8	7	3			
1	6	3		9	2	8	7	4

#14

		1						
						5	7	
9		5		1	4			3
			3	7	1			
		7				3		6
1	3	9		5				
			2		9	8		
		8			5	4		
			6	8		1	5	2

#15

			5	3	2			
3		5	9		1		8	
9			6				3	7
1	9	7	4		6	8		
4		8		2	7	6		
6		2				7		
7	8	9		1		4	6	
						3		2
						1	9	8

#16

					2			
		9		7				4
6	8		4	9			7	5
			6		3		8	
			7	5				
	7		1				2	9
				4		7		8
8						9	1	6
			8			3		

#17

8	7	5	3	6				1
2			8			7		9
3	9	1					8	
		3	5				1	7
6	1	8		9		2	5	
7				1	3			4
5	3		2	4		1		
		7		3		9	6	
1	2	6						

#18

			7		6		5	
	6			5				
3			9	2	1	7		
		4				6		
		2	1	6	3		7	
						3	8	2
		3	8			9		
	7						6	4
				4	9	5		

#19

4	7	8	9	6	5			
5			7	2		4		6
	9		3	1	4	8	7	5
		5	6					
	3				7		5	
7	6				1			9
	8	1				3		4
3	4				6	5		7
	5							

#20

		4						
9	3					5	4	
			9			6	3	
1			2	3		4		
4				6			5	
5	2			9	8		7	
				5	4			6
7		8	6					
	6			1			8	4

#21

	8	9		2			3	
	7				5	2	1	
6		2			9			
8				3	2			
9	3	7	8	1	4	6	2	
					6			
	9				3		6	
	2	5	9	6		3		4
3	6			7	1	5	9	

#22

			9	5	4	3	1	7
		3	7	8		5		4
			3					8
8	2	1			3			
9		4	5		7			
	6	5						9
6	1	8	2		9	7		
3	4		8	7				6
	7	9			1	8		

#23

8					2		5	9
		7	5		1	8		
2	1		9			6		
	9	2	8		3		1	6
3			1	5	4	2		
4	8		6	2	9		7	
6			2		5			
	2			8	7			
			3				8	

#24

		1	4					
	3	4	8	9				
5	9				7			
			9					8
			7			1	5	9
					4	3		
	2	5					9	3
	7		1	2		5		
8	6			4			1	

#25

1						9		4
9					3	5	7	
	2	5					8	
			8	2		7		
		7			9		1	8
							2	
	3		4		5			7
7	9	2		1			4	
5	4	6		3	2			

#26

	1						8	
3					8	1		
8	9		5		1		6	
		6	8	5		9		
5	4	9	3	7				
	2		6					4
	6		1					
				2	3	6		
					6	2	4	

#27

						7		
	9		7				5	
						3	4	
	5	1	4					
3			8		1			
8			9		6			
	6		5	3			1	
		2				9	6	
		5	6		9	8		

#28

	7					2		
2						1	9	
1			3		5			
		2		4			8	
	3	6			2		1	7
			5			9		
	9					5	3	1
8	5				7			
		4						

#29

		9					8	4
		1				2		
7	3				8			
3	5			6			9	
			7	8		5		
				9	3	8	2	
		2				9	1	
9					2			5
					5			

#30

	8	3	1					7
5	7	1			4			
	4				3	8		1
				7		6		
		7	5	6	8	3		
	2				9			
						5		
		5		9				
			2	4				8

#31

4	2		6				9	1
		1	2	4				
8				1	9			4
	5	2			8			9
	4	8		3				5
	3		8	9			6	
6							3	7
		5		6				8

#32

		2	8	5	6			
	3						5	
7			3		1			
1	8	3						
		7	6				4	
	6		7	1			3	5
6			5	9				
	1		2			5		
	7				3	9	8	

#33

						1	9	6
	9			6				4
		3				5		
			2	9			8	
	4	7		8				
8	3						5	
5					9	8		1
			5					
4				2	1	3	6	5

#34

8	1			4	5		6	
			8		2	5	1	
	2	7	6			8		4
	4			5	7	3	9	
7		1		9			5	
		5			4		7	
	5	9			1		8	3
			5				2	1
	7		9	2	3	6	4	

#35

								4
				1	8		9	5
					7	2		
	3		5	7	6	4		9
			1	8				
					2	6	5	
	2	7				9		
	5	9		2			1	
6			9					2

#36

5		4	9				2	
			5		2	9	4	3
	3				4	1	5	
6		3		7	5			
7	4	2		9			6	
	9							
9	6			2	7	5		4
4				5				
		7	8	4	1			

#37

		1				2	4	
		4					7	
	2	6		1	8	5	3	9
			5	6	4	7		
5	4				2			
2	6			9		8		
6			7	4	1	9		2
8				3	5			7
4	7		6			3		

#38

				4				
			7		6		9	
6					9		8	
5				1		2		8
4	3	6	8			1		
	8				7		4	3
	2		6			8		9
7		9	1				3	
8			9	3		4		

#39

9		5	7				2	8
	8		4				7	1
2					9	3		
6	1			7	2	5		
						2	1	
		3			1		9	7
					7			
		7					5	3
	9							

#40

6		7	8	4			3	5
3	5	1		7				
4	8	9	6	3			7	2
2	4	6	9	5			1	
9	7	5	1	2				
	3		7		4	5		
8	1	3			6	2		7
	6						9	4
7	9		5	8	2	3		1

#41

			9	8		4	1	2
1	8							6
		2						
4		9	6	1	8		7	
5			2		4		6	9
			7			1		
6					1		9	8
	9						3	
					6	5	4	

#42

5	9			8	3			2
6			2			8		
		8	9		5		3	
2				5				
3	1	5						4
	4	7						
					6		5	
		3		2				8
9	5						2	1

#43

4			3			5		
		9	6				4	
6	7							9
7	6		2		4			1
	1				7	3		
	3					6	5	
				5	3			
						4		6
				1			9	

#44

	7			8		4		
			2	3			7	
			7		5	1	2	
		2		7				
	6			1	8			2
	4			2			8	
		9			2	7		4
		3	6		1	8	9	
4	8	5		9	7			

#45

		2	6	5	4			
		4						6
6	8			2			5	7
	1			4	7		8	
		3						
			8	3			4	2
7					8	9		
4	3			9	2	7		8
								3

#46

			3				1	7
					1	5		6
5	1			9	6		2	8
	5	1	4			7		
			1	6				
	8							4
		5						
		8		5	4		3	
		3			2	6	8	5

#47

6	8	4		7			5	
	9	1	5				4	
						8		
3					6			
			2		7	1		
	1		8			5		
		5	7				6	
		9		8	5		1	
8			6			3		

#48

7	2	3				6		
				2		9		5
		5	8		3	4		
	9		1	7	8			3
	3						9	
		2			4			
			9				5	
2		7						
			6			3	7	

#49

	1	6		7				5
8	5		3			4		
					6	7		
			2	6				
					8			9
5					1			8
			9		5	6		
2						1		
			6		2	8		

#50

	2	9			6	5		7
1							9	6
					1		2	8
3		1					8	
7	6		9					
	4			6	5			
	7				4			2
4							3	
			7	2				

#51

3		4	1	2	9		7	
9	2				8		1	4
8		7	3			6		2
	8		2			5	4	9
6			4		1	7	2	8
4	5	2		8		1	6	
2			5					
			8		2	4	3	1
1								

#52

9			1					3
	4				2	7	1	
1						9		
5		8						2
		2	6	1		5	7	
4	1			2	3	8		
7	3		8	5	6	4	2	
6				7	9		8	
				3			5	

#53

		7	1		2	4		
	5	1	7			8	9	
	2		5		9	7	3	
	6	3	8		4			
		8						6
4								
7	1	2				6		
						1		
3	8		2		1		7	

#54

3				1	6			
6						3	2	
1	8	7	3				6	
	3	9	7					
2	1	8		3				7
7		4		5				
9			4		3	1		
		3	5		1	8		
			2		7			

#55

4	8	3	7					
9		6		1				
		1	8	6			7	9
				8		6		3
	1	8		3	4		2	
	5		2		6		1	8
2	6	5			8	7	9	
1	3			5	9			4
	4	9		2			5	

#56

9				7				
	2		5			9	3	
	1	3	9		4	2		
5	6			9			2	
					1			
7	9	1	3	2				
4	3			8				
			7	3		8		9
				4	9		1	

#57

			5	6				
		9				5	8	
1					3	4		
	3		1			2	7	9
		7	8					3
		6						8
6	9		3	2		8		
7	5							4
		3		5				

#58

			4				7	3
3				1				
4				6	7	9	2	
7	5	2						
6				9			8	2
			7		3			
5	7		1					8
9	1	3	8		6	2	4	

#59

						7	6	2
		8				1		
	5	6				4		
2	3			6	4		1	
	8	5	3		7		2	6
			5	2				
		4	1			3	9	
		3						
		2		4	3			

#60

		6	7	1				
	7		2			3		8
3	2	4						
		3		9	7			2
	6	7	4	3	5			9
		5	1	2	8	6	7	
	4	9						
5			9		4	8		
		8	3		2		9	7

#61

	6			1		3		8
8			6		7	2		5
9	1					4	7	6
4							3	
	9							7
2	7	5		6	3			
			7			9	6	
		1		4		7	5	3
				3			2	

#62

	9	8		1		6		
7								
4	6				3		5	
5	4			8		1	6	
		9		5	6	2	4	8
8	2		1		9			
	5		9				1	
			5		8			
			4	6				3

#63

	9	2				8		6
7	3		2	6				9
6	4	8					3	
					7	6		
			5					
3	2	6				4		
1	6	4	9		5		7	
	7	3						
		9	3		1			

#64

9	2							
		8					6	
6					3	4	1	
8				4				3
			8	7				
	9		3	5		6		
	6		7			5		4
5		3					2	
	8		1	2				

#65

		5			4	6		
					9		1	
6						9		
	1		6	9			7	
7	5		4					
	9	3		2	5		4	
	8	7					6	3
				3			5	2

#66

	8							3
			3					6
	6	9	2					
	9		1		8			7
		1		4				9
6	4			3		5		
					2	6		5
					4	1		
							7	8

#67

3	7			2				6
		5		6		2		3
						7		
5	4							
	2			1			4	
			3					8
9		4	7		2			
		6	5					7
7								

#68

		7	5		3	1	4	
		4	8			6		7
			7	6				5
			9	8				
	1	3						
		9		3			7	
6		1				2		9
			2	7		8	6	
8	3							

#69

	6	9	1			4	3	
							1	
	7				9			
1			6					
	4	2			5			
	9					2		
		3	4	5		9		8
6		4		3			7	
					1			4

#70

	2							
			5		8			
5				1	9			4
		4				5		
6		1		4			8	2
	8					7	4	1
						4	5	
3			1				7	9
		7		6			2	

#71

	4		5		2		3	6
6	9					2		1
5	8							
	5	4					7	
		6			4	9	2	
1		9	8	2		3		
9	6	7						
		8	9	5	6	7	4	2
4			7	1	3			9

#72

					6			
4				9		1		
			2			9	7	5
					3			2
	4	2	1	5	9			
	9	3	6				8	
		7		8				9
							1	7
5	8				7		2	

#73

1	6	4		2	7			3
				3		6		
2			6					7
	1				6			
			1					9
6	5		7		3	1		
3		1		6	5	4		8
					8	2	7	5
5	2				4			

#74

								5
5			2	6		1		
					3	9	2	6
4	5	6	8					
7		2	6	9			1	3
1		3		4		5		
			3	2	4			
						3		2
		8			9			

#75

	1		8				7	
7								4
3	9				5	8	6	
				5				7
	2				1	6		8
5		1			7			3
1	6	3			4	9		5
	4	5	3		9	7	8	
			5	2	6		4	1

#76

	8				9			
6	7			1		3	8	9
	1				5			7
8		2		7	6	5		
			8					
		3		2			4	
4	2			5	7			
			1		8			3

#77

6						7		
	1		4		3	2		
		3		1	9			
	8						7	
			1	2		8		
		2	7			4		6
			2					
8				5				4
	6			3	7		2	

#78

		4		7			1	2
7		8		2	5			9
1					6	7	5	
				5	3			
4	1				2			
		7	6			8		
6	7	3			1	5	9	4
8		2			9		7	
			5	6		2		3

#79

7		6					8	
				1	5	2		9
		2		6		4		
			1				4	3
			5					8
		8	9			6		
1				2	8		7	
6		7						5

#80

			1		4			
6				8			9	
	7		5				1	8
		9	8		3			6
4							5	3
	1	3					2	
9		8	7		5		6	
						9	3	
1		7						5

#81

								7
	4	8				3		
1			3		4	6		
8				5	1			4
						2	6	
	2			6		8		
	9	5						6
	7		9			4	3	
				2			9	

#82

							6	9
6						4		7
	7						8	
8	1					3	7	
	3			7		6	4	
4	5		3			9		
	6	4	5	1	9		2	
		2						
	8	1	6	3		7	9	

#83

	6			8			1	
	7				2		4	
8					1	7		
2		1	6			3		4
9	4		8					2
	5							
	2	4	3	5	8	6	9	1
		9	1					7
6	1			9				

#84

	8		7		1	3	9	2
1		7	8	9	2			
5	9		4	3			8	
7					4			
		3			5		1	4
			3	2				
					7			
	2	5	1	4	3	9		8
	7		5			4		

#85

	2	4	6		5	8	9	
				9	4		2	6
9	3		2					
8			9	6				
	4	2	1	3	7	9	6	
	6				8			
6				5	3			
4	1	3			6		8	
2			8	1		6		4

#86

	5	1		4		8		
3			2	6				
		6			1		3	
9	3	8			5			6
		5						8
1		4					9	5
7			3	5				1
	1			9	4	7	8	
				8		5		9

#87

					5	8	4	7
	8	9					2	
	5		1		4			
		8			3	2		
	3	4		1				
							9	8
					1	9	5	
			7		9	4		1
	1			4				

#88

	4	1		5	7			6
8			2		4	7		1
	7	2	9	1			8	
		4	1			5		3
	6				5	9	1	
5		7	6					
7	2	9	3	4	1		5	
	3							
				2		3		

#89

7	9	8		2				
	2		7				9	3
	3		1	9		7	2	
	7	1	3	6				
9	4		5	1				
			9	4			7	6
2	1	7	8	3	9		6	
		9					3	
					4		1	

#90

			3				8	
			4	6		5		
	6			8	7			1
	9				8	2		7
3		1				8	6	9
		7			1	9		6
		9			4		2	
	5						4	

#91

5							3	
1			8					
3							8	1
9		4	7	8		6		
2			4		5	9		8
			6	9	2			5
		5	9		8	7	1	6
		9						2
		8		1			9	

#92

		4				3		
5		6			7			
			1				7	4
	3		4	6				
	5		7		8	9		3
				2			1	8
						2		
	9		8	7	6		4	
1		5						

#93

2	1				6	5		
		6		9	2	7		
		7	4		1			
	2			3		1	7	9
		1		5			3	
	7		1	2	9	4	6	5
			8			9	4	1
				1		2	8	3
					3			7

#94

	7	3	8		1		4	
	9				7			
	6			9	4			1
2	5			7		4		
	1				5	3	8	6
4	3		1		9			5
	4	7	9		2		5	8
3	8			5		2	9	
9	2					6		

#95

3	8							
1		5		6	8			9
9	7	6		5	2		8	
4			2					6
2	5				6			
		9				4	3	
6		8		7	1			3
		1	6		4		2	8
7			8			6		1

#96

9		5						
			2	4			1	
	2	8		5	9	3		
					4			3
7					5	9		6
	8		9				5	7
	9		4			6	3	5
	3	1	5			2		
		7					9	1

#97

4	5	1					6	3
	9				2			4
6	3	2					7	
			9	5	7		2	
9			1				3	5
5				4	3	7		1
			2	9		5		
			5			3	8	6
7			8		4			

#98

	6						5	8
		4			8			
		8			5	1		9
7						8		
			6	7				
			1			4	6	
9		2		3	1		8	
	5		7				2	
		7					9	

#99

			6				3	4
	2		1	4			9	
		8		9		6	1	
1		9	7		6			
7		2			1		6	
	6		3	2			5	1
					4			
		6	8	3		4		
	8		5	1				

#100

	8		6					
	7				8	2	9	
5	4			3		1		
			8				4	1
6					4	3		2
	2					9		6
		1		5	6	8		
	6	3	4		1	5	2	
		4		7		6		

#101

	5		7			2		4
		7					1	
	4		8					9
	7	6			2			
	2		9		6			
3				8			9	
6				9			4	
	8							
7				1			5	

#102

4	7					9		8
			5	7		4		
6			8	4				7
		3	2	9	4			
9	2			5	6	3		4
1		6	7				9	
7		4						3
3	1		4		7	5	2	
				6	1			9

#103

	8			7	6	1		5
7		9	4	1			6	
6				9		8	4	7
2		8	1			7	3	
	7		3			4		1
	3			6			8	9
	6	5	8		7		1	
	2			3	5		7	
	4	7			1	6		

#104

3	7			2	4			
		4		5	1		7	
		8						9
				9		6		
			7			2		
		3	6	1				
	3		1		6	5	4	
				7		3		
7	5			3			6	8

#105

	5						1	
3			7		6			5
6		2		4				8
	7			6	1			
			4			6		
					8			
	3				7			
2	8			3				
1		7	2	8	4	9	5	

#106

		5		6	8	3		7
		6	1			2		8
8		1	7			6		5
7		9			4			
	1			9				
		4			1	9		2
6		2				7		1
1	8					5		
5		3				8	6	4

#107

	6				5			
		1						
	3						9	6
2		7						
5	4			3		1	2	
9								8
	5		9	4			3	
		4		1		7		
			3	8				

#108

	1				7	3	8	6
	2		8					5
	8	6					7	2
7	6	3			8	2		4
4				3			5	
			7					9
	7							
	4		6		3			8
	3	8				4		

#109

			9		7	6		
		7		6	2	5		
	1				5			7
8		4			1	3		
			2			7	9	4
					6		5	
1			5			9	7	
	4	5				8		2
2				1	9			5

#110

		2		3		4	5	1
5		3	1		8			7
								6
3	8			7	9	1		
		1	6					9
2	3						9	4
9			3			5	1	
				8				

#111

7	9	3	1	4	5			2
2		4			7			3
		2	3	5				6
6	4	5	7		8	3	1	9
								8
4			2		6		3	
	8				4		6	
				1				

#112

2	1	8		6				7
4							8	6
7	5		8			1		
	6				9			
1		7	3			5	6	9
	9	2					4	
9					7			
6		1	9	3				5
	7	5		4		3		1

#113

	6	4	5		7			
3		2		6	1	7		4
8	4	9		5	3	1		
1				2	6			5
								8
	3	6						
4			2		8	6		
				3	5			9

#114

	7							
4					6	7		9
			5	9		4		
		9	3					2
	4	8	7		2		9	
5	2	7	9	1				4
		2				6	4	
					9	2		
	5		1		4			

#115

	7		2		9			
		4			8			
	2				4			
1				4	5	2	3	
2		7		3	1	4	8	
	4						1	6
7		6	9		3	1	2	
4		2	5			6		
9					6	5		3

#116

		7	8					3
	2	6		4	5			
			6					
			2				9	
8								
6			9	3			7	2
3						6		
					8	7		
		4		1				

#117

9	2					7		
5		7			6		9	1
	1				2			8
2								3
6				5	4	9		
4		1		3	9		5	
8	6		7	9	3			
		9			5		7	4
			4		8			

#118

		5	4		9	7		1
	1			2			8	
		9	8					
		4	2	6	8	3		5
2		8					1	
9			7					
5			1	8				
				9		8		2
4	8			7				

#119

	9					5		
		3	5					
			1	9			3	2
9		1	2		5	6		
6								5
			4	6		7	9	
3							1	6
		8			2			
7		6		5				8

#120

1		7		4			6	
3		8		9				
9	5	6	3			4		
	7	3	1	8		5		
4					3			
6			5				3	
7			2	6				
5						9		1
			9	5				

#121

3		2			4	9	5	
1					9	4		
			2	7		1		
		3		9	1			
6	5		3		2		9	1
		9						4
		6		5	7	2	1	
7	8	5		2		6	4	9
4		1			8		7	5

#122

1	2			5		7	9	
4		8					6	5
		6	1				8	
	1	9			2			8
		2		3		6	1	9
	6							
	8		5	4	7			
2			3	8		5	4	1
				9				6

#123

						4	9	3
9	3		7	4	6		8	2
	5	4	3				1	
3	1				5		4	
	7	2				8		
	9	5	8		4	2	7	1
7		6			3			
1	8		6	5				
5	2			8		3		

#124

7	1			2		4	8	
5						6		1
	4				7			
1	7					3		
8	9	6		5				7
4	3		7	6				
	5							
2		1	8		5	9	3	4
3	8		2	9	1			6

#125

4				1			7	5
	6		4	9	5	8		2
8			7					
	9	8	5	7			2	6
6		5	1			3	8	
		1		8				9
			3	5	7	2		
5	1	2					6	
							9	8

#126

	1			9	3	5		
			4		7		3	
8		9		2				1
	5			4			7	
	7							
2	6			8	1			
1		3				2		
7	8	5						3
	9	2			5			

#127

				7				
		4	6	8			3	7
				3				
6		1	3					4
	5	2						6
4			8			2		5
1	4	3		6			9	2
		9	2					
2				4				3

#128

	5	3				4		8
					4		9	
	8				6	3		
		5		4			7	9
			2			6	1	4
		4	7					
7	9	6	4	8		1	3	
5	3			2				
		8					5	

#129

			2	8	9	1	6	5
2	1	8	3			9		
			1			8		
7			4		1	2		8
				2				
	6	2				7	9	
		3				4		9
		1					7	
9		5	8		2		1	

#130

				5	9	6		
		9			1			
4	7		8		2	1		5
2			9					
					5	7		
9	1				3		5	4
7				3		5		6
			1					7
6	3							8

#131

		2	1		7			3
			2				9	
1		9	3	4	6		2	7
7	1		5					
5	6	8			9			
			4	6		5		
3			6		2			
2								5
		1			3	7		

#132

	2						9	4
	7	8	2		1			
6								
3						9	8	
	8		3		7			
2			5		9	6		
1	5			2		7	6	
					4		2	5
7		2	6	9	5	4	1	

#133

				3				
					2		8	5
7		6				1		
1	5	7					2	
	2		7	9				
6				2		7		
								8
		8	9	5	7			
		3	8					6

#134

		1				3		8
		5	3					6
2				8	5			
		7		5				9
	9				2			
5			8		9		6	
	5	3			8	9		7
		8				6		
4		9	7					1

#135

		1		2			7	
9	6		7					
	3	2				9	8	
	7	6		1	8		9	2
					9			1
				4			6	7
	5							
3			4					
					6		5	8

#136

1		5		4				
			5					6
		2					4	
	9			1				2
8				3				
4		1				8	9	
	3			7				9
2		8				7		
5					1		3	4

#137

	1						5	3
9		5		8	3			
	3	7	6		5			9
		9		4	2			
		1	5			7		2
5			3				9	6
			2					
		8	9				2	
				7				

#138

	4			8		2		
3	7	9			5		1	
8	1				9	4		5
7		3	2	5		6		
	9							
			3		4	1	8	
9		7						2
6			9					1
	3			7				

#139

			4	9		5		
	4	2	7					
9					5		4	1
			5			2		
	1		2	8				
	8				9	3		
1		3	6			9	8	
	5		9					
		7	8			1		3

#140

				2	6			3
		2		4			5	6
9	3		5					
	2	5				3		8
4				8				
7				9		5	8	2
			8			6		
	8			3	5		4	1

#141

6		1	7			4		
	2		8					
8	5						1	3
	8			7				
9	7		5			1		
2		6						
3				8	2	5		
		2	6					
			9			6	3	

#142

3		1		7		5		8
	8		3		4			
			1				3	2
					7			
2						8		9
	7						2	6
5				6			4	3
	3		8		5	2		
	6		9					

#143

6		4	3					9
9	3		8					6
5	2		4			7	1	3
2	6	5		7		3		
				9			6	
		7		3				
1								8
3	8		7		5	6		
		2			1	9		5

#144

			6		7		9	5
6				4				
	2							
			4					
	3			1	6			
8		4				3	1	6
5		3		6				1
			8				5	9
		1	9					2

#145

		6	3					
5	2					9		1
7					4			
		8		2		4	6	
4			9					7
		9	7			3	5	
		7						
					9			
1			2				7	3

#146

1	3						4	
2					7	3	5	
5		8	4					
	9	6				5	3	2
7					9		8	
		3		6				1
			2		8	7		
					5			6
3			6		4		9	5

#147

6		2		4	7			8
	8				1			
				8		2	5	
	4		7	1				
8				5		4	3	
9		7						6
3	9	4		6				
		6	4				9	
	7				9			

#148

7		2	4	6			1	
		4					8	
9				8				2
	3			4			6	
			3		2	1	9	
	4	7				2	3	
	2	1	6					3
3		6			9		5	
				3	4	6	2	

#149

5	9		2					
8	2	7	3				1	
				5		8		9
7			9		5		4	
4								
		9			4	3		8
		4	5					2
	6	8						4
9					1		8	

#150

5			9					
			1	8	7		5	
	8		5			7		1
4	3	8					6	2
1							7	
2					6			4
8		4					3	
					8	4	9	
6			3	5		8		

#151

9	1				3	8		
			8		1	7	6	
	6			9	2	3		
				8		2		
		7		3				
	4		6	2				1
	7		2	4	6			
							7	
			5					4

#152

5		6						9
1			4	6	8			
	7				3	4	6	
				9	6		4	
		4			2		7	3
7	8			4		9		
			6		9	5	3	
	3	9	8					4
8	5	1				6	9	7

#153

	2		4		7			
	4	1	5					2
7	6	5	2	9		8	4	1
	1					2		
6	3						8	9
			6	3	4		5	
8	5		3					
1			8	4	2	6	9	
		6	7				2	

#154

		7	6	8		2		
2	6				1			
1	4		9	7		3		
	3	1			7	4		
	8	6			9			
			1			7	3	
8			4	9		1		3
				1				
	1	4	7	5	3			

#155

2								3
	1	4	5	3	2			6
		7				8		4
	8		4		1			
		2					3	7
			3	1		6		8
4				2	7	5		9
	6					3		

#156

		6	1	4			3	
	9	8	7	6				
1		3			8		6	
			4	8	7	3	2	6
7			3					
		4				5	7	1
6	5		2				8	4
3	8		6	1	4			5
	4		8	7		6		

#157

5		3	4	1				
	6			3	8	7		4
8		6		5			2	3
					3		7	
2		7					8	5
9	2		3	7				
				4	5	3	9	
				8				6

#158

7								3
			8	4	2	5		
			3		1		6	
8	2		5					1
						2	8	9
	1	7		6			3	
				9		1		
	6					3		
1						7	5	

#159

1		6	5	8	3	7		
7	5						6	
		2	6			9	8	
					7			
	7		3	6		5		
5		9	8		2	4		
		4			8	3		
			4				9	
				9			7	4

#160

2	5	6		7			3	
9			2	3	8		6	5
3		1	5			4		
		4	8			5	2	
				2	4			
	6			5				3
						2	9	
	2	5	9	1		7	8	
7	9				2	3		

#161

		4			3	1		
9			6		1			
			5	8				9
8		1	4			5	6	
	5			9	6		8	
		3	8					1
	2				8			
			2					
6		9						4

#162

	1	2				4		3
				9		5		2
5			6				1	
	2		8		7			
6	4	9			2			
8	7				6			
1		6			8		7	
2		8	4		3	1		6
7						3		8

#163

	8	5	6					9
			4					
	4				2	7	6	
7				4			9	2
5	3	9	2			4		
							7	
				1		6	8	5
6			9					
1				2				

#164

	8			4				
	6				1		4	
	4		6			2	9	
	7	4			5			3
			4	6		7		9
	5				9			
		8	9	2				6
7		2	3		6			4
	9	5						

#165

		7	9	5	6		1	4
4		6	7		1			
		1				6	7	
	1		5	9	7		2	
3				1				8
	5	4	2			1		6
			4	7				1
1					5	9		
	7			6	2	8		

#166

5	2	7				8		1
	1	6	8	7		9	5	4
					1	2		
1	5	3			8	6	7	
2	7	9		1		4	8	
4		8		9	7	5		
7			2		6			5
	4					1		8
	3		1		9	7	2	

#167

9			7	2			1	3
2		5	1		9		8	7
				5	6		9	2
					4		6	
3				6			5	9
	9			7	1	3		
	5	2	6	9			3	1
		3			5			
				8				5

#168

				8	3		6	
	7		9	5				
		1				8		9
					2			
5	9	6	3				1	
	4	2	5				9	
		5				6		
			2					
7			1			2	8	

#169

	8	6	5	4	3		9	1
					8	6		
	9				1		4	
			1		6	4	3	7
		7	9					
		1		8			2	6
		5				7		4
	4	9				5	8	

#170

1						7		
				4	9		1	
6						2		
	6							
	5			2		1	9	
8	9				1			2
9		2	5			8	6	
7	8		6					1
			4		3			7

#171

5					4		1	9
4	1			5	8			
		8	1		3	7		
7			5					8
			4	2				
	3	1		8		5	2	
		7			5	6		
							3	
		6		7				

#172

8						9		4
	1						2	8
5		4	2				6	1
		3	5	6	4	8	1	2
		1			7	4		5
2		5	3				7	
		8			9	1		7
4	6		7			5	8	3
			8					

#173

8		2	4			5		
		6	2	9		1		
4					3			2
			3	2				6
					6			
					5	7	8	
	7					8		
	2	5				3		
	4		1					7

#174

5	2	6		9	7			
	3		6		1			
6	4		2		8	9	3	
					3	5	4	2
2			9			6		
				4		3		
	8				6		9	4
1			8			7		6

#175

1	4		7		9	6		2
				8			9	
		5					3	
2		4						9
9	3			7				5
	5	6	3	9		1		4
		9						3
3		8	2				7	

#176

		7	3					9
				6	2			1
4		5			8			
5	2			3	7			8
		1		8			9	
		3	6	4				
7		9					8	
1		2						7
						3		

#177

7						6	4	
2			9	3				8
3		8	5	4		1		
		6			4		7	
4				6			9	1
		2						
8	3				9	2	1	
9		4						
6	1	5	3		2		8	4

#178

2		5			9		6	
9	3		5			4		
1	6		3		8			
				9			7	
				5		2		9
		6		1			4	5
						3		
	7			8				
	5		9				1	4

#179

		4			1			
			7	8			4	
7				9	2		8	
	3	5			6		1	9
1	9				3	5		
2			5		9	3		4
8						4		
3		9			8			
5	7			6			3	1

#180

6		7		2		5		4
2				5		3	9	6
	8	5		3				
			2		5		3	7
8						4	5	2
	5		4	8				
					7			
	6		5	1	9			8
5							6	

#181

6		7				1		9
		2		9				6
	8			6		4		
					6	2	1	
				3		5	6	7
7	6	8	2					
	5	4		7				2
			4	2		3		
				5	8	6	4	1

#182

	2	1	5	8	4	9	3	
				6	1			5
	6	5			9	1	8	
1	5	4						
	3	2			6			
	7							
				3	5	8		9
9	1	3	8	4				2
		6	9	1	2	7		

#183

5	1				3		9	
					2			3
7			9		1	5	4	8
				9	8			
			3	7				
8		7				3	2	9
6	8						3	
4		2				9	1	6
	7					8		

#184

9		6						
				8			9	1
	1	7	3					5
			5					2
6		2			1	5	7	3
5				2			8	6
4	6				8	1		7
			6	1			3	
							5	9

#185

			1	5			8	
8	5		6	7	9			4
	9	7		3	8			
2		9	3		1	7		
5				8		6		
			7	4	5		2	9
7	4			2	6	3		
		3		1	7			

#186

			3				7	
			2			4	3	
	9	4						5
	8	6				3		
4			6					
9	2			8	7			
	3				2		4	
				3			8	
	6	2		5	8		1	

#187

		7				6		5
	5	4		3			1	
1							9	4
6		3	5	7				
		9			3		5	6
		5	8			9		3
						5		
7		6	9	8	5			1
				4	6	2		7

#188

	2				1		5	
9		1	5	6	8	7		
		2				6		9
1		6	3	4				5
8	4						3	
6				5	3			8
5	7							
							6	

#189

	1			4			9	
	6				5			
		5	7		2			
	8	3			9	4		
					3			1
			5					
1					8	7		3
	5							2
6	2					5		4

#190

	3	7			8	4	6	9
9			6		4	1		7
4	5	6				2		3
					1		4	
8	4					3		
	7				2			
7			5			8	3	4
3			4			5		
				8	3		7	

#191

			3			1	4	5
4	1	5			9			
7			1		4			
		8	2	3		6		
	5			8	6			
				4	1			
5		1				7		9
					7		2	
3		7	8			5	6	1

#192

4		5	8			9		
		2				3		
9	3	8	7					6
	8		3		5			
			2					
		7		6				2
	2			7				
	4	6			9			
	9					6	4	7

#193

		9	8		1		5	4
8						7		
		4	6	5				
3	9		2	6	8		4	1
1		2	5		7			
4			3			8		7
6			9		4	1		
5	4	1			6	3		
		3				4		

#194

					2	7		1
							3	
7	2				3		9	5
1	6		5					
	9				7			3
8	3	7			1			6
9			4				7	2
				7				
					5			9

#195

1								
	2			6			9	
		3						6
	8		5					1
	1		4					2
4				2				
9	6			8		5		
	3		7					
7					4	6	8	

#196

	1	4		9				
		8	6		7		4	
				4				
4	2		5	7	9			
			2			9		
		9			6		1	
	7				8			
5			1			8		
				6		1	3	9

#197

	1	5			9	8	6	
			1				5	4
		4					7	2
6			9			2		
4	9	3	5					8
		8						
		2		9			4	
				1			8	
	5	7	8			6		

#198

6						5	1	4
			9				8	6
4	1			6	5			
	3							
			5				2	
					8	9		7
2	6		7	5	9		4	
9			1				5	3
			8			6	9	

#199

3			9		2		8	
2		9					7	
						1		9
			1			2	9	8
				2				
	5	2						1
4	6		2		3			
					9		4	
	8	5					1	

#200

						7	1	
4	7		8				3	
	3		5					
	4	8				2		
6		1						7
		2	3				9	6
		4		7		9	6	
					5			3
2						8		

#201

			9	6	7			
				8				5
6	7					8		9
							8	
8	6				1		5	
			5	3				
	9			5			7	6
2						4		
4		6		9	2			1

#202

		5			4	9		
		4	5	9			2	8
7		9	8					3
8						7		4
	2			3		8		6
		6		4		2		1
	7		9	1				5
9		3	6		5			
		8			2			9

#203

		2					7	6
	3	4				1		
7				6		9	3	
			5	4		6		1
	6	3	2	1				5
	2	1	8					
			6		4	5		7
		7		9		8		3
	5				8		9	

#204

		8					3	
					2			5
2	3	5		8		1		9
1			4	9				7
4			3			5		
6			5				1	4
			8	4	3	2		1
		4	2	7	1	6	5	
		1	6	5		4		

#205

3			4					
1	4		7					5
							2	8
				3			1	
7						9		4
2		1		4	5	8		
	6		1				4	2
8		4		5	9		6	3
		7	3			1	8	

#206

2	7	4		8			5	6
	3	1	2	9		8		
9	8				7	2		
					4	6		
						3		
3	1	7			8			9
7		3			2	1		8
		9		3	1			2
1	4	2				5	9	

#207

		9				1		
4		1						
	3	8					6	
			9			4	1	8
		3			4			7
9					1			
	6		1			7		
8			3		9	5		
		5			7	6	3	

#208

	2		7				5	1
3		7	5		8	4	2	6
	5	6	4	9			3	8
4			1				9	
5	6							
2	7			8	4			
	3						7	4
				3	6	1	8	9
	1		8	4		3		

#209

6		3	1					7
		7		6	4			
2	5	4						6
5	4	2	6					8
	6			3	2		9	4
1	3	9	4		8			2
			8	4	6	5		9
				5	7			
4					9	7	6	3

#210

			4	3		5	6	
					8		1	
4						2	7	
8				2		9		6
	6	2		8		7		
			5					2
	8	7	2	4	5			
9			8					
	1		6				8	

#211

				3	2			1
			5			9	4	
		9				7		6
7				4	1	3	5	
8	9		7		3		6	
3					9			8
	8	3	2					7
5	2	7	4	9	6			3
	1				8	4		

#212

4		6		3	8	2		
						1	4	3
3		1			9	8		
5	4				1	6	9	2
	1		5	9	6	7	8	4
6	9		4		7			
			7			4		8
7	6	4	8		3	9		
1	8	2	9			5	3	

#213

8		4				6		7
3		9				4		1
	6	2	8	7		9	5	
4	8			6		7	3	
								6
7							1	
				9		3		
	9			3			6	5
			5		2	1		

#214

		1	4				8	
		3	1	5		6		
			6			3		
	3	4	9	6	5	2		
	9	2						5
5	8				7	4		
2		9	5		1			
4		5	8	3	6			
			7		2			6

#215

						9		
	2		8			1		
	1			7		8		
	5	9			6		8	
			3			2		
	7						4	3
5			9	8				2
2		3				5		
7	8		1	5			9	

#216

			9	3			1	
			7		1	5	4	
7	1		4		5		6	3
	3			7	6			
1				4			8	
	2	9				6		
8			6		7		3	9
3	9	6	1		4			
		1	8	9			5	6

#217

5		2	9			6		
4		3					7	
1		8		7	2	9		
	5	7				2		
	4	6			9	3		7
9						8		
			4		6		8	3
7		5	2		3	4	9	
6			8					

#218

	6	2				4		
			2				9	7
				9		1		
	5		9			7		
		9	4		7	6		8
	7	4		1			2	5
		1			9		4	
	9	6	5					
	4	7					8	

#219

		6	8		3			
9	3		7	4	5	6		
		8			9	1		7
	9			8				4
		2		5		8	9	
7	8	4	1					
		7	9			2	5	8
8	2		5					9
	5						1	

#220

			1			6	8	5
				9				7
					6		3	2
	1			8	9	5		
6		8		7	5		4	3
		2	4	6				8
			9	3				1
	2				4	8	5	
9		1		2		3	7	

#221

2		5	3					7
								5
	7		1		9	2		6
8	9	2		7			5	1
		4	9	1	8			2
1		7		6		8	9	
			6			5		3
			5			4		
3					4			

#222

						9		3
5	7	1	3		6	4		
	5	8					1	9
	4							
6			1			2		7
			5		2			8
	1	7			3			
	3			1		7	2	

#223

3		9				5		
	5	2			4		1	3
7		6				2		
						8	7	
1	8	7		5		6	9	
2						1	3	
	6	8	9	3		4		1
4								6
	2	1	4	6			5	7

#224

			3		4	1		5
							2	
	1							9
			8		3			
		7	1				3	4
	5	8	9				1	
	9	2					4	6
7	4		5	9			8	
					2			

#225

					8		3	7
3	8	2	6	4				5
		5	1	3		4	8	2
1				9	2		4	6
2	7	9	4		3	5	1	8
	5		7				2	
	1		3		4		6	
					6		5	
8		6						4

#226

5	6				9		8	
2			3	8				9
			5	2	6			
3					1		4	
7		1	8		5			
9	8		4		2		5	
	2	5	6	9				3
		4				9	2	
	7			4		6		

#227

9			5			6		
5		2	4			1	7	3
		7	2	3	6			9
	5	6	7	4		3		
2	4							
7	9				5	2		4
	2			7	9	4	1	
	8			2	4	7	3	5
1	7	4	6	5	3		2	8

#228

	2					5		
1		9	2	5	7		6	4
5								9
		8		7				2
		2			5	4		6
6		3			4			
			5		9	6		
				6		3		
				4			1	

#229

9	1	6	8					5
			1	5			9	
		3						
2			9				5	8
3		8				7	2	
	5		3		8			
		9			1	2		7
		1	6				3	
	4		2	7				

#230

		4		5				
2			6				5	
	8				3		1	
4							2	1
				4	7			
	5		9			7	6	
1		7		9			4	8
		5	8		4		7	2
			7	2		5		6

#231

		4			3	6		
				6				
	2	6	5	8		1		
	7					2		
				3	9	8		7
1		8				4	9	
			7		1	9	6	
		1	3	9	4		2	
				2		5		1

#232

	9				5	2		
	3	7					9	5
			9		6		7	
7				9	8	5	6	
		8		5	4			
				1		7	8	
	4	6		8	7		2	3
1	7	3						
		9			3		5	

#233

3	4	7	9					8
	5				7	1		
			4					3
5		4			8	7		2
7	2	6		9			8	4
1	8	3	2	7	4	6		5
			7		9		6	
8	6	9					3	7
			8		3	5		

#234

			6				9	5
			5					3
2				3		7		
		6	4	7	3		2	
				9				6
9			8		1		7	
						3		7
	8		7		4			
	9	2						

#235

9	7		8				5	
		3			4			8
			2	6				3
	8	1		7		3		
	3							4
5	6			3	2			
3					6	5		7
	1					2		
				4		1		

#236

5					6		8	9
						2		1
3								7
1			2			9		5
		6	4	9		1	2	
9	2			5		6	7	8
		5		1		7		
4		3	7		2	5		
7					3	8	9	

#237

		9			7			4
				1	6			5
	3	6			5		7	
	2	5		8	9			
8			4	7				
3					2	4	5	
6	5	8			1	9		
		2			8		6	

#238

		8	2					
	1	2	3			9		
3		5				2	1	
		1					9	2
			1		7	6	4	
6	7		9		3			
	2	7	8	6				4
9					2		6	7
5	8						2	9

#239

7	8		3		5		2	1
1	9		4					
	2	5			9			4
				5	4	3		
3	7		2		8		6	
5	4			3				9
					1	8		
	1	2	8			5		
8		7		9		1		2

#240

	4				7	5	1	
5		2			6	4		7
1	7			8	5			9
9	1	5	6			3	2	
	8	3						1
4	2			1	9			
8			7		3			
	3	9		6				
7			8		2			

#241

	4	2	3					6
	8							
7	5	3						2
	7				3		9	
	1	8	7	2	9			4
		5					7	
		9	4		1			
4		1	6	8		3		9
		7			2	4	8	

#242

			5		1			2
							1	5
1	6			4			9	
6		1		5	3			
		9	4	8	2		6	
2			7	1			3	4
5	1				4			
8		4	3		9		5	6
				2	5	8	4	

#243

6		3	1	7			9	4
		8	2				7	
			5	9		3		
			7					3
1								
8	7							
			3		6		8	
		6			2			
		2		5	7	1		

#244

		6	4	3			2	
3		8	1		7		4	
4	1	5			9	7		
			5					
	9	3			2	4	1	
		4			1			
1				2	6			4
6							7	
	4	2				3	9	6

#245

					2	3	9	5
7	3	5	6	4	9	8		
2		9	3				4	
3								
1	6					5	7	
5	9		8		4			
	5			2	1		6	
6	7						1	3
9			4					7

#246

	9					4		2
	1				3			
7			4	5	2		9	
			3	7				8
6			5		9	3		4
2					1		5	
			7		6	9		
				4	5		3	1
3				9			2	

#247

	1				7	2		
7				2				
2		8		3	6	1		5
								3
6	8	4				9		
3					1			7
		3		6	2		1	4
			8		4	3		
		7						6

#248

6	5		2		4			
9		3						
7					3	8		
			5	8			2	7
	2		3					
8		7				5		
5		9	7			3	6	
					8	4	1	

#249

7				9	3			
3	9					7	6	
1	8	5	6				3	9
		1	7		4			2
6	5		2			1	4	
			1				7	
				4	6	5	9	1
8	6					3		
5	1	9						4

#250

4					8	9	5	
9	8			6			1	
		2			9	3	6	
			6	4	2			
		9	8	7	1		2	
			3				7	4
			1	2	6		3	
6	5					2		
		1					4	

#251

	4	1	7				6	8
						3	5	
		8		4	6			
						6	4	
	6		9		1			
						8		5
2				9		5	1	
4				3		7	8	
	9			7			2	

#252

	3	7			5		8	
5			6					
	2		1					
		1		8		4		6
					6	8		
9								
	5	3	4	2	1	7		
7								
	8			7	3			2

#253

	2		7		1		3	
			6	3				4
9			2			7		1
1					4			9
			8			1	2	
4			9					
2		3			6		1	
7	1			2		5		

#254

		7	6			5	9	
	3	2				8		
			1					
	9	5	3					
	7			9	5		8	
			2			7		
7	8				3	1	6	4
	5				1		7	
					4	9		

#255

				2				
				3		4		6
		4	5				3	9
	2	7						
				6		1	9	7
	9	8						
				9		2	7	
	6	1		8		9		
	7	2	3		1		5	

#256

			9	7		2		1
2		3		5	8	4		
		1						
		2	7	4		1		3
							2	
4	3	9	2				7	
	9						3	2
7	1	5	3	6		8	4	
	2		8				1	

#257

		6		9		3		
			3		5			
			2			1	6	4
4	3				9	6		
8	5	9			2		1	
	6		5		8			
5	4				6	7		
6	7				4	8		2
	2			7			4	

#258

	2	5		3				
	4		1	9		8		
9				6			4	
5	7	2		8		4	9	
	6	3						8
						7		3
							5	4
	8		7	5		2	6	
			4	1				7

#259

		4		3	5			
5						1		3
	8	6	9	1			2	4
8	7	5		6				
			4	5	8			7
4	6			7		8		9
		8		9				
	5	1				4		
9			5	2	1			6

#260

4	7				3			
	6	2	9				8	
	3	8	5	7			2	
				3			1	2
6				9	5			
					8			5
7	5				1		9	4
8					2	5		3
2							6	

#261

7			2			3		
		4		6		8	5	
		9	3		5	4		
				2			7	1
		7	8			2	9	
1					9	5		4
6			7	8				
	7							
	9							

#262

				8			6	9
		9	6			5		
		8	1	9			7	4
9	4				2			3
	7	3	5			4	9	
	6	2	4	3			1	
	9	6		4		7		5
2						3		
3	5					9	2	

#263

	5					9		
6								
		9	3		4	6	5	
				3				
8			5	1	6			7
			7	4	9			
		7				3	1	8
3		1						
2		6					7	

#264

			4					
			1			9	4	8
		3	9		7		1	
	8						7	
6		4			9			
	2					4		
5							3	
2	9			8	3			4
				2				7

#265

	7				4		1	
2		3	6	5			7	4
4								
5				3				
						2		8
					1	6		
			8					5
7	4					1		
		5	1	2		3		

#266

	4	3					1	
1		8	3	7	5			
	2			1			9	
2			9	3	7	1	8	
3	6					2		
			2					9
7					9			
	3	6	5	2	8			1
4	1			6				

#267

	5			9	8	1		7
	1	8	3	6				
3		7		2	1		9	6
1	8	2	9	7				3
			8	4	2		1	
4	7	9		5	3	2	6	
7		5				6		4
			6		4			5
6		4	7	8		3	2	1

#268

5			9					3
	8		1				2	4
						1	5	
		2	8		1	5		
						3		7
1	6				4			
8	1		3			4	7	
	3				6		9	
2								5

#269

		2			4		8	
	9	8			2			6
	4	6					1	
5	8	7	3	9		1	2	4
9	2	3						
4		1	2	8				7
6	7	9		5	1		3	
			8	6	9		4	1
	1	4				6		9

#270

					9	3		8
		1		8				6
								2
8				1		9		
		3			2			
2	6		4					
	2				8			3
	3	7	5					
4	9		1	7				

#271

4	3		5	1	7			
					3	7		
	8					3	5	
	4	2				8	3	1
	9	3	1		8	5		7
		1		3	4		6	2
2				4	9			5
3			8		1			9
5							8	3

#272

			2				1	
		7			5			2
9		8		4				3
		1						
	6			3	9			
8	4				1			
				8	2		4	
	5			6	7		8	
	8						9	6

#273

			3			4	5	
1		8	4	5		2		
			1			9		
3	9	7				1		
8			6					
	6		9		7		2	
								2
		1		8	3			
	3			6		5	1	

#274

		8						
	9				1	8		
4		5			2			6
9						1		
3	5				8	6	4	2
				4	5			
	7		8					
8		4		3				
5	3	9				4	2	8

#275

	3	6	4				1	
2		8						
5				2				
					3		2	5
	5							9
							4	3
1			3	7		2	8	4
8			6	4		5		1
9			5		8			6

#276

1	8	9	5	7				2
						8		3
	5	3	8				9	
			6	3		2		4
	2		7	9				8
					8	6	1	
5	1			4	6			
	4							
3			1		7			5

#277

8	1					5	9	
3	9			5				
	5			9	3	8	4	
9			3		8	4	6	2
	8					9		5
2			9	6				
		9			2	7	8	
			4	8			1	9
			1		9	2		

#278

		3	2					
	2	4		7	8			
5		8		4				1
	1			2	6	4		
		6	7	8	1			2
	8							
			4				3	7
7			8	6	9	2		
				1		6		

#279

1		9		7	8			
								8
5			2	4				
4					6		9	
9	7			8	1			5
	3		7	9		2		
	9			6			5	
2							8	
8	5	6				4	7	3

#280

3	2	5	6	8	9	4		
				5		6		
6		9	1					
8		4	7	1	5	9		
			9				4	
	1				8			
	6			4	1	5		9
2	5	1			6		3	
4	9	3		7				6

#281

7								3
	6	8					7	
	4	2				5	8	
9					2	3		
	5				7	1		
				1	5			
5		6		8				7
	7			2				6
8						4		5

#282

5	4						7	3
	2	3			7			
8	6	7	5	9			1	
			1		4		8	
						3		7
2								
	3		6	8		5		9
	5				9	8	4	1
	8	9	2	4	5		3	6

#283

	1	4		8		5		
7	6		1		5			
	2	5	4	6		1	8	7
	7		6		4	8	1	9
1			8	2				3
	8			3		2	6	5
	3				8			
6							5	8
	4			1		9		2

#284

	2				7	1	9	6
				2				
		8	5				2	
	9		1		8			
2								
8	4	5	9			3		
			6		5			
9				7			6	2
	3	6						1

#285

	8		1			2		
1	2					4	9	
			7	9		6		
	7	8	5				4	
3	5		8					
	4	2						
						9		
2				6		3		
5	9	3			1			

#286

5				8				
1		4	6				8	7
	7					3		
			2	3	7	1		
	3	8		1		6		
		1		9		5		
		9		2		7		
2				7		8	3	6
3				6	8	4	9	

#287

		3			5	6		8
		6			4	9	3	5
5	9				6	1		7
8					2	7	9	
			9	7		8		4
		9			1			
1	3		5	4		2	7	6
	5		3	6				
			1			3	5	9

#288

	7	8					1	2
4	2				5	6	9	
		5				3		
5				8		2		4
			4	7		1		
8		4	6					
7								
					8			6
1		3		4				

#289

	4	7			3	8	6	1
8			6					
				8	4		3	5
	8	9			6		1	
7					5	6	2	8
5	6	1			8			3
	9							
6							5	
		5	3	6	1			

#290

	2	3					9	
		1			9		8	3
	8				4	6		
5						3		
	4	2	5				1	
	1		3					4
		6				8		
				6		2		
				5	2			1

#291

3	1	4			8			2
	8	9	3		4			
					2			3
		6						9
5					7		3	1
							7	8
9								6
					3			
7	3	1	2		6	8		

#292

7	5	6		2				
1	8		7		3	9		
	2		4		5			
3	1		9				4	5
8	6		1				3	
4		9		5	6		2	8
			2	8			9	3
			5		7	4	6	
5		1				2		

#293

	2	7			4	6	3	5
4	6					7		8
3	8			7	5	4		9
	9				8			2
	4		5			3		
6		2		4			8	
			7		2			4
			9					
	7		4			2		

#294

7			1			8	5	
		5					3	1
			5	4			2	
	2	9		5				8
4		8		9	2	1		
				6	4			
9				3		7		
	8		6					3
	7		2			5		

#295

5	1		7	8		3		
	7	3	6				8	1
		2		3				
	8		3		7		1	6
	6		4			7	3	
				6				8
7	4		2	1				
	3		9					
	2		8	4			9	7

#296

	2	5					7	
9					6		3	
		7		1			6	
4		3		7				5
			5			3		
2					3	7		
5	9	6	2			4		1
3			1					7
	4							

#297

				6	9			
3	2						8	7
9	5						3	
		9		5		6	4	
							5	
5		7			2	3	1	
	4			8		2		
		5	7					
						8	6	5

#298

7		6	5				9	
			2	3				
	3					2		
						7		
			7			9	5	
5					8			3
	8					5		2
1			3	8		4		
6				5			7	1

#299

		9						5
						8		
8					9	6		1
		7	2					
			6					3
4				8	3		1	
	2	8	5			3		
			4	3	1		8	
	5		9			1	6	

#300

2	1		4					7
4		8	7			6		
	6		2					3
	5						1	
					6			
7	3	6						5
		2						8
							4	
			1	3		5	7	

#301

		6	9	1	2	5		8
	8		7			1		
	4				9	3		1
	7	3		5	1			4
6	1		4	8	3		2	9
			1		4	8		
	5	1		2	7	9	4	
		4				2		7

#302

			4					
7	3		1	5				
	5				2	3	4	
4	2		9		3			
	6			2	1	7		
						9	2	
			8	6			7	
	1	5				8		2
		7	2				6	

#303

7						1		3
3				7				
9	6		4	5	3		8	
			9					
	9			3	5			2
	1			2			4	
			5		1			9
	7		3	6	8	5		
			2		7		3	

#304

1			4		3	8		6
5				9	6			
6	2		8	7				9
		4	5			9		2
8	1	5	9	4		6		
		9	3		8	1		5
			7	5		2	6	
				8	4			
7			6					

#305

7				8		4		
					3	8		
		2		1			5	
			3		9	7		4
3	5					2	9	
	9		8					
	4				5			7
		6						3
9			1	6	7			

#306

		5		4	1			7
		6			9		8	
								1
9						1		2
5					7		4	
		3		1			7	
					3		1	
	2					7		
1	3		8			6	9	5

#307

			9					
	2			1	3			
		9		5		3	8	1
	5			3	1			6
			7			5		
	9			2	6		7	
7		4		6	5			
5			3		2	4		
			4				5	

#308

3		1		5	7		6	9
		2			6			3
6	9		2	8	3		5	7
			6	9		3		
		9					7	
	3	6			5		1	2
			5					
4	2	5			9		3	1
9		8	1					

#309

9								
		7		9			6	2
2			5				1	9
		6	2	1	4		7	5
7				3	5	2	9	
							4	
		4	3	6			2	1
				5		4	3	

#310

				7		6	2	8
			2		5			
7					6	9		
			7			2	3	9
8			5	2		1	4	
	9		4	1	3		8	7
3			9	8	2	4		1
5		1						
4			1					3

#311

	2	9	7				4	5
				5		6	8	
			9	8				
7		5				9		
9	1		6		5	8		4
	8							
2	3				8		9	
	4					3		1
			3			4	2	8

#312

	3		1			4		2
				4			5	3
		5	2				9	
		9		1				8
2	7							
		6	8	7				
8			6	3				
	9	3	7	2				
			4		1		3	9

#313

					2	9		
				5	8		7	
			9		7	2		6
	7				6	5		2
	1	4						
			3				9	7
1			5					
6		7			9			
	3	2		8				

#314

								4
9	1	4		8	2	3	6	
2				3	1			8
			2					6
	3	1			5		9	
	6	2				8	1	3
3				2		4		
			5	7		2		
		5		9				

#315

	9				3	6		
6				4				7
5					6			4
8	1	6	4	3	2	5		9
9			6		7	3		
3		4	9		8	1		
	5		3	6		7		1
	4			9				6
1			8		5	4		3

#316

4	1		3	2		9		
					1			8
9		3	8	5	7			
	8			4		7		
			6					5
7				8	5		1	
	2	6		1	4			
		1		6	8	2	4	9
				3		1		

#317

4		1	6		5			9
			7					6
		6	2				5	1
5		9		1	2		3	7
						1		5
				4	7		8	2
8	3	5			6			
							6	3
6		4		5				

#318

7	4	3		2		9	6	5
6	9		5				1	7
5	1			9	6			
	7		1			6		3
					5			
1			6		9	4	7	8
2	5			6	7		8	
	3	7					4	6
	6			5	4	7		9

#319

6	2	8	4		9	3	5	
				2	1		9	
5	1	9				7	4	
9		5	2				8	7
	7	3		1		9	2	
2	8	1		9		5	3	
							6	9
				6		2		5
	5		9		2	8	7	3

#320

	7			1		9	5	
						6	2	1
					5			
	1		6	8	9	5	7	2
	6	8	1			3		9
2		9	3				1	
	2		7					
8				6	1			7
6				3		1	8	

Solutions

#1

5	9	4	7	2	8	6	1	3
7	2	1	4	6	3	8	5	9
8	6	3	9	1	5	2	4	7
1	8	7	2	9	6	5	3	4
6	4	5	1	3	7	9	2	8
9	3	2	8	5	4	1	7	6
2	1	6	3	4	9	7	8	5
3	7	9	5	8	1	4	6	2
4	5	8	6	7	2	3	9	1

#2

3	7	6	5	8	4	2	9	1
2	8	4	3	1	9	6	5	7
9	1	5	2	6	7	3	8	4
1	6	7	9	2	3	8	4	5
5	2	9	6	4	8	1	7	3
8	4	3	7	5	1	9	6	2
4	3	2	8	7	6	5	1	9
6	9	1	4	3	5	7	2	8
7	5	8	1	9	2	4	3	6

#3

8	2	1	4	6	5	7	9	3
3	6	9	7	2	1	8	4	5
7	5	4	9	8	3	1	6	2
5	1	7	2	9	4	3	8	6
6	9	8	3	5	7	2	1	4
2	4	3	8	1	6	9	5	7
4	8	6	1	7	2	5	3	9
9	3	2	5	4	8	6	7	1
1	7	5	6	3	9	4	2	8

#4

1	5	9	4	2	8	6	7	3
6	7	8	1	3	5	4	2	9
3	2	4	7	6	9	5	8	1
4	8	5	3	9	1	2	6	7
7	6	3	8	5	2	9	1	4
2	9	1	6	7	4	8	3	5
9	3	6	5	8	7	1	4	2
8	1	2	9	4	3	7	5	6
5	4	7	2	1	6	3	9	8

#5

1	6	7	5	3	2	4	8	9
3	2	8	4	6	9	5	1	7
9	5	4	8	1	7	3	6	2
2	8	1	9	5	3	6	7	4
4	9	6	7	8	1	2	3	5
5	7	3	2	4	6	8	9	1
6	3	9	1	2	5	7	4	8
7	4	5	6	9	8	1	2	3
8	1	2	3	7	4	9	5	6

#6

7	4	6	3	1	8	2	5	9
3	1	5	7	9	2	4	8	6
9	2	8	5	4	6	1	7	3
4	3	2	8	5	9	7	6	1
1	5	9	6	2	7	8	3	4
8	6	7	1	3	4	5	9	2
5	8	4	2	6	3	9	1	7
2	7	3	9	8	1	6	4	5
6	9	1	4	7	5	3	2	8

#7

6	7	1	9	8	5	3	2	4
3	2	8	1	7	4	5	9	6
4	5	9	3	6	2	8	1	7
7	9	2	4	1	3	6	5	8
1	4	5	8	2	6	9	7	3
8	3	6	5	9	7	1	4	2
9	1	4	2	3	8	7	6	5
2	8	7	6	5	1	4	3	9
5	6	3	7	4	9	2	8	1

#8

6	7	5	3	9	4	8	2	1
4	1	8	5	7	2	3	9	6
2	9	3	6	8	1	4	5	7
5	2	7	8	1	9	6	4	3
1	8	6	4	3	5	2	7	9
3	4	9	7	2	6	5	1	8
7	5	4	1	6	8	9	3	2
9	6	1	2	4	3	7	8	5
8	3	2	9	5	7	1	6	4

#9

6	4	8	2	7	9	5	3	1
3	7	5	8	6	1	4	2	9
2	1	9	3	4	5	7	6	8
9	6	1	5	8	3	2	7	4
5	2	7	6	9	4	1	8	3
8	3	4	1	2	7	9	5	6
1	5	2	9	3	6	8	4	7
4	9	6	7	5	8	3	1	2
7	8	3	4	1	2	6	9	5

#10

3	4	2	6	7	1	5	8	9
8	5	6	9	3	2	4	7	1
9	7	1	5	4	8	3	6	2
2	1	9	3	6	7	8	5	4
4	3	7	8	5	9	2	1	6
5	6	8	2	1	4	9	3	7
1	8	5	4	9	6	7	2	3
6	9	3	7	2	5	1	4	8
7	2	4	1	8	3	6	9	5

#11

4	1	9	7	2	8	3	6	5
7	3	8	9	6	5	1	2	4
2	6	5	4	3	1	7	9	8
6	9	1	8	4	3	2	5	7
5	4	7	2	9	6	8	3	1
8	2	3	5	1	7	9	4	6
1	7	6	3	5	2	4	8	9
9	8	2	6	7	4	5	1	3
3	5	4	1	8	9	6	7	2

#12

1	4	9	6	2	7	8	3	5
5	6	7	9	8	3	4	1	2
2	8	3	4	5	1	7	6	9
6	5	2	8	9	4	3	7	1
8	3	1	5	7	2	9	4	6
7	9	4	3	1	6	5	2	8
4	1	5	2	3	9	6	8	7
3	2	8	7	6	5	1	9	4
9	7	6	1	4	8	2	5	3

#13

9	1	8	4	6	7	3	5	2
3	7	2	1	8	5	9	4	6
4	5	6	2	3	9	1	8	7
7	8	5	9	2	6	4	1	3
2	3	9	7	1	4	5	6	8
6	4	1	3	5	8	7	2	9
8	9	7	6	4	1	2	3	5
5	2	4	8	7	3	6	9	1
1	6	3	5	9	2	8	7	4

#14

8	7	1	5	2	3	6	9	4
2	4	3	9	6	8	5	7	1
9	6	5	7	1	4	2	8	3
6	8	2	3	7	1	9	4	5
4	5	7	8	9	2	3	1	6
1	3	9	4	5	6	7	2	8
5	1	6	2	4	9	8	3	7
7	2	8	1	3	5	4	6	9
3	9	4	6	8	7	1	5	2

#15

8	7	6	5	3	2	9	4	1
3	4	5	9	7	1	2	8	6
9	2	1	6	8	4	5	3	7
1	9	7	4	5	6	8	2	3
4	3	8	1	2	7	6	5	9
6	5	2	3	9	8	7	1	4
7	8	9	2	1	3	4	6	5
5	1	4	8	6	9	3	7	2
2	6	3	7	4	5	1	9	8

#16

7	1	4	5	6	2	8	9	3
5	2	9	3	7	8	1	6	4
6	8	3	4	9	1	2	7	5
4	9	1	6	2	3	5	8	7
2	6	8	7	5	9	4	3	1
3	7	5	1	8	4	6	2	9
1	3	2	9	4	6	7	5	8
8	4	7	2	3	5	9	1	6
9	5	6	8	1	7	3	4	2

#17

8	7	5	3	6	9	4	2	1
2	6	4	8	5	1	7	3	9
3	9	1	4	7	2	5	8	6
9	4	3	5	2	8	6	1	7
6	1	8	7	9	4	2	5	3
7	5	2	6	1	3	8	9	4
5	3	9	2	4	6	1	7	8
4	8	7	1	3	5	9	6	2
1	2	6	9	8	7	3	4	5

#18

4	2	9	7	3	6	1	5	8
1	6	7	4	5	8	2	9	3
3	5	8	9	2	1	7	4	6
5	3	4	2	8	7	6	1	9
8	9	2	1	6	3	4	7	5
7	1	6	5	9	4	3	8	2
6	4	3	8	7	5	9	2	1
9	7	5	3	1	2	8	6	4
2	8	1	6	4	9	5	3	7

#19

4	7	8	9	6	5	1	2	3
5	1	3	7	2	8	4	9	6
2	9	6	3	1	4	8	7	5
1	2	5	6	3	9	7	4	8
8	3	9	2	4	7	6	5	1
7	6	4	8	5	1	2	3	9
9	8	1	5	7	2	3	6	4
3	4	2	1	9	6	5	8	7
6	5	7	4	8	3	9	1	2

#20

6	1	4	5	7	3	8	9	2
9	3	2	1	8	6	5	4	7
8	5	7	9	4	2	6	3	1
1	7	9	2	3	5	4	6	8
4	8	3	7	6	1	2	5	9
5	2	6	4	9	8	1	7	3
3	9	1	8	5	4	7	2	6
7	4	8	6	2	9	3	1	5
2	6	5	3	1	7	9	8	4

#21

5	8	9	1	2	7	4	3	6
4	7	3	6	8	5	2	1	9
6	1	2	3	4	9	8	5	7
8	5	6	7	3	2	9	4	1
9	3	7	8	1	4	6	2	5
2	4	1	5	9	6	7	8	3
7	9	8	4	5	3	1	6	2
1	2	5	9	6	8	3	7	4
3	6	4	2	7	1	5	9	8

#22

2	8	6	9	5	4	3	1	7
1	9	3	7	8	2	5	6	4
4	5	7	3	1	6	9	2	8
8	2	1	4	9	3	6	7	5
9	3	4	5	6	7	2	8	1
7	6	5	1	2	8	4	3	9
6	1	8	2	4	9	7	5	3
3	4	2	8	7	5	1	9	6
5	7	9	6	3	1	8	4	2

#23

8	4	3	7	6	2	1	5	9
9	6	7	5	3	1	8	2	4
2	1	5	9	4	8	6	3	7
5	9	2	8	7	3	4	1	6
3	7	6	1	5	4	2	9	8
4	8	1	6	2	9	5	7	3
6	3	8	2	9	5	7	4	1
1	2	9	4	8	7	3	6	5
7	5	4	3	1	6	9	8	2

#24

7	8	1	4	6	2	9	3	5
2	3	4	8	9	5	6	7	1
5	9	6	3	1	7	8	2	4
6	5	7	9	3	1	2	4	8
3	4	2	7	8	6	1	5	9
9	1	8	2	5	4	3	6	7
1	2	5	6	7	8	4	9	3
4	7	9	1	2	3	5	8	6
8	6	3	5	4	9	7	1	2

#25

1	7	8	2	5	6	9	3	4
9	6	4	1	8	3	5	7	2
3	2	5	9	4	7	1	8	6
6	1	3	8	2	4	7	5	9
2	5	7	3	6	9	4	1	8
4	8	9	5	7	1	6	2	3
8	3	1	4	9	5	2	6	7
7	9	2	6	1	8	3	4	5
5	4	6	7	3	2	8	9	1

#26

6	1	5	2	9	7	4	8	3
3	7	2	4	6	8	1	5	9
8	9	4	5	3	1	7	6	2
1	3	6	8	5	4	9	2	7
5	4	9	3	7	2	8	1	6
7	2	8	6	1	9	5	3	4
2	6	7	1	4	5	3	9	8
4	8	1	9	2	3	6	7	5
9	5	3	7	8	6	2	4	1

#27

5	4	6	3	1	8	7	9	2
2	9	3	7	6	4	1	5	8
1	8	7	2	9	5	3	4	6
6	5	1	4	7	3	2	8	9
3	2	9	8	5	1	6	7	4
8	7	4	9	2	6	5	3	1
9	6	8	5	3	2	4	1	7
4	3	2	1	8	7	9	6	5
7	1	5	6	4	9	8	2	3

#28

4	7	3	1	6	9	2	5	8
2	6	5	4	7	8	1	9	3
1	8	9	3	2	5	7	6	4
9	1	2	7	4	6	3	8	5
5	3	6	8	9	2	4	1	7
7	4	8	5	1	3	9	2	6
6	9	7	2	8	4	5	3	1
8	5	1	9	3	7	6	4	2
3	2	4	6	5	1	8	7	9

#29

6	2	9	1	5	7	3	8	4
8	4	1	6	3	9	2	5	7
7	3	5	4	2	8	1	6	9
3	5	8	2	6	4	7	9	1
2	9	6	7	8	1	5	4	3
4	1	7	5	9	3	8	2	6
5	7	2	3	4	6	9	1	8
9	6	3	8	1	2	4	7	5
1	8	4	9	7	5	6	3	2

#30

2	8	3	1	5	6	9	4	7
5	7	1	9	8	4	2	6	3
9	4	6	7	2	3	8	5	1
3	5	8	4	7	2	6	1	9
1	9	7	5	6	8	3	2	4
6	2	4	3	1	9	7	8	5
4	1	2	8	3	7	5	9	6
8	3	5	6	9	1	4	7	2
7	6	9	2	4	5	1	3	8

#31

4	2	7	6	8	5	3	9	1
5	9	1	2	4	3	8	7	6
8	6	3	7	1	9	2	5	4
1	7	6	9	5	2	4	8	3
3	5	2	4	7	8	6	1	9
9	4	8	1	3	6	7	2	5
7	3	4	8	9	1	5	6	2
6	8	9	5	2	4	1	3	7
2	1	5	3	6	7	9	4	8

#32

4	9	2	8	5	6	3	7	1
8	3	1	4	7	9	6	5	2
7	5	6	3	2	1	4	9	8
1	8	3	9	4	5	7	2	6
5	2	7	6	3	8	1	4	9
9	6	4	7	1	2	8	3	5
6	4	8	5	9	7	2	1	3
3	1	9	2	8	4	5	6	7
2	7	5	1	6	3	9	8	4

#33

7	8	4	3	5	2	1	9	6
2	9	5	1	6	8	7	3	4
1	6	3	9	4	7	5	2	8
6	5	1	2	9	3	4	8	7
9	4	7	6	8	5	2	1	3
8	3	2	7	1	4	6	5	9
5	2	6	4	3	9	8	7	1
3	1	8	5	7	6	9	4	2
4	7	9	8	2	1	3	6	5

#34

8	1	3	7	4	5	2	6	9
4	9	6	8	3	2	5	1	7
5	2	7	6	1	9	8	3	4
6	4	2	1	5	7	3	9	8
7	8	1	3	9	6	4	5	2
9	3	5	2	8	4	1	7	6
2	5	9	4	6	1	7	8	3
3	6	4	5	7	8	9	2	1
1	7	8	9	2	3	6	4	5

#35

7	6	8	2	5	9	1	3	4
3	4	2	6	1	8	7	9	5
9	1	5	4	3	7	2	6	8
2	3	1	5	7	6	4	8	9
5	9	6	1	8	4	3	2	7
8	7	4	3	9	2	6	5	1
1	2	7	8	6	5	9	4	3
4	5	9	7	2	3	8	1	6
6	8	3	9	4	1	5	7	2

#36

5	8	4	9	1	3	7	2	6
1	7	6	5	8	2	9	4	3
2	3	9	7	6	4	1	5	8
6	1	3	2	7	5	4	8	9
7	4	2	1	9	8	3	6	5
8	9	5	4	3	6	2	7	1
9	6	8	3	2	7	5	1	4
4	2	1	6	5	9	8	3	7
3	5	7	8	4	1	6	9	2

#37

9	8	1	3	5	7	2	4	6
3	5	4	9	2	6	1	7	8
7	2	6	4	1	8	5	3	9
1	9	8	5	6	4	7	2	3
5	4	3	8	7	2	6	9	1
2	6	7	1	9	3	8	5	4
6	3	5	7	4	1	9	8	2
8	1	9	2	3	5	4	6	7
4	7	2	6	8	9	3	1	5

#38

9	5	8	3	4	1	7	2	6
2	1	3	7	8	6	5	9	4
6	7	4	2	5	9	3	8	1
5	9	7	4	1	3	2	6	8
4	3	6	8	9	2	1	5	7
1	8	2	5	6	7	9	4	3
3	2	5	6	7	4	8	1	9
7	4	9	1	2	8	6	3	5
8	6	1	9	3	5	4	7	2

#39

9	4	5	7	1	3	6	2	8
3	8	6	4	2	5	9	7	1
2	7	1	8	6	9	3	4	5
6	1	8	9	7	2	5	3	4
7	5	9	3	4	8	2	1	6
4	2	3	6	5	1	8	9	7
5	3	2	1	8	7	4	6	9
8	6	7	2	9	4	1	5	3
1	9	4	5	3	6	7	8	2

#40

6	2	7	8	4	1	9	3	5
3	5	1	2	7	9	6	4	8
4	8	9	6	3	5	1	7	2
2	4	6	9	5	8	7	1	3
9	7	5	1	2	3	4	8	6
1	3	8	7	6	4	5	2	9
8	1	3	4	9	6	2	5	7
5	6	2	3	1	7	8	9	4
7	9	4	5	8	2	3	6	1

#41

3	5	6	9	8	7	4	1	2
1	8	7	4	2	3	9	5	6
9	4	2	1	6	5	7	8	3
4	2	9	6	1	8	3	7	5
5	7	1	2	3	4	8	6	9
8	6	3	7	5	9	1	2	4
6	3	4	5	7	1	2	9	8
7	9	5	8	4	2	6	3	1
2	1	8	3	9	6	5	4	7

#42

5	9	1	6	8	3	4	7	2
6	3	4	2	7	1	8	9	5
7	2	8	9	4	5	1	3	6
2	6	9	1	5	4	3	8	7
3	1	5	8	9	7	2	6	4
8	4	7	3	6	2	5	1	9
4	8	2	7	1	6	9	5	3
1	7	3	5	2	9	6	4	8
9	5	6	4	3	8	7	2	1

#43

4	2	1	3	7	9	5	6	8
5	8	9	6	2	1	7	4	3
6	7	3	8	4	5	2	1	9
7	6	5	2	3	4	9	8	1
9	1	8	5	6	7	3	2	4
2	3	4	1	9	8	6	5	7
8	9	6	4	5	3	1	7	2
1	5	7	9	8	2	4	3	6
3	4	2	7	1	6	8	9	5

#44

2	7	6	1	8	9	4	5	3
1	5	8	2	3	4	9	7	6
3	9	4	7	6	5	1	2	8
8	3	2	4	7	6	5	1	9
5	6	7	9	1	8	3	4	2
9	4	1	5	2	3	6	8	7
6	1	9	8	5	2	7	3	4
7	2	3	6	4	1	8	9	5
4	8	5	3	9	7	2	6	1

#45

3	7	2	6	5	4	8	9	1
1	5	4	7	8	9	2	3	6
6	8	9	1	2	3	4	5	7
2	1	6	9	4	7	3	8	5
8	4	3	2	1	5	6	7	9
5	9	7	8	3	6	1	4	2
7	2	5	3	6	8	9	1	4
4	3	1	5	9	2	7	6	8
9	6	8	4	7	1	5	2	3

#46

8	2	6	3	4	5	9	1	7
7	3	9	2	8	1	5	4	6
5	1	4	7	9	6	3	2	8
6	5	1	4	3	8	7	9	2
4	9	2	1	6	7	8	5	3
3	8	7	5	2	9	1	6	4
2	6	5	8	1	3	4	7	9
9	7	8	6	5	4	2	3	1
1	4	3	9	7	2	6	8	5

#47

6	8	4	9	7	3	2	5	1
7	9	1	5	2	8	6	4	3
5	2	3	4	6	1	8	9	7
3	7	2	1	5	6	4	8	9
4	5	8	2	9	7	1	3	6
9	1	6	8	3	4	5	7	2
1	3	5	7	4	2	9	6	8
2	6	9	3	8	5	7	1	4
8	4	7	6	1	9	3	2	5

#48

7	2	3	5	4	9	6	8	1
6	4	8	7	2	1	9	3	5
9	1	5	8	6	3	4	2	7
5	9	6	1	7	8	2	4	3
4	3	1	2	5	6	7	9	8
8	7	2	3	9	4	5	1	6
3	6	4	9	1	7	8	5	2
2	8	7	4	3	5	1	6	9
1	5	9	6	8	2	3	7	4

#49

3	1	6	8	7	4	9	2	5
8	5	7	3	2	9	4	1	6
4	2	9	1	5	6	7	8	3
9	3	8	2	6	7	5	4	1
6	4	1	5	3	8	2	7	9
5	7	2	4	9	1	3	6	8
7	8	4	9	1	5	6	3	2
2	6	5	7	8	3	1	9	4
1	9	3	6	4	2	8	5	7

#50

8	2	9	4	3	6	5	1	7
1	5	4	8	7	2	3	9	6
6	3	7	5	9	1	4	2	8
3	9	1	2	4	7	6	8	5
7	6	5	9	1	8	2	4	3
2	4	8	3	6	5	1	7	9
5	7	3	1	8	4	9	6	2
4	8	2	6	5	9	7	3	1
9	1	6	7	2	3	8	5	4

#51

3	6	4	1	2	9	8	7	5
9	2	5	6	7	8	3	1	4
8	1	7	3	4	5	6	9	2
7	8	1	2	6	3	5	4	9
6	3	9	4	5	1	7	2	8
4	5	2	9	8	7	1	6	3
2	4	3	5	1	6	9	8	7
5	7	6	8	9	2	4	3	1
1	9	8	7	3	4	2	5	6

#52

9	7	6	1	8	5	2	4	3
8	4	3	9	6	2	7	1	5
1	2	5	3	4	7	9	6	8
5	6	8	7	9	4	1	3	2
3	9	2	6	1	8	5	7	4
4	1	7	5	2	3	8	9	6
7	3	1	8	5	6	4	2	9
6	5	4	2	7	9	3	8	1
2	8	9	4	3	1	6	5	7

#53

9	3	7	1	8	2	4	6	5
6	5	1	7	4	3	8	9	2
8	2	4	5	6	9	7	3	1
2	6	3	8	7	4	5	1	9
1	7	8	9	2	5	3	4	6
4	9	5	3	1	6	2	8	7
7	1	2	4	9	8	6	5	3
5	4	9	6	3	7	1	2	8
3	8	6	2	5	1	9	7	4

#54

3	4	2	9	1	6	7	5	8
6	9	5	8	7	4	3	2	1
1	8	7	3	2	5	4	6	9
5	3	9	7	4	8	2	1	6
2	1	8	6	3	9	5	4	7
7	6	4	1	5	2	9	8	3
9	2	6	4	8	3	1	7	5
4	7	3	5	6	1	8	9	2
8	5	1	2	9	7	6	3	4

#55

4	8	3	7	9	5	1	6	2
9	7	6	4	1	2	8	3	5
5	2	1	8	6	3	4	7	9
7	9	2	5	8	1	6	4	3
6	1	8	9	3	4	5	2	7
3	5	4	2	7	6	9	1	8
2	6	5	3	4	8	7	9	1
1	3	7	6	5	9	2	8	4
8	4	9	1	2	7	3	5	6

#56

9	4	5	2	7	3	1	6	8
6	2	7	5	1	8	9	3	4
8	1	3	9	6	4	2	5	7
5	6	4	8	9	7	3	2	1
3	8	2	4	5	1	7	9	6
7	9	1	3	2	6	4	8	5
4	3	9	1	8	5	6	7	2
1	5	6	7	3	2	8	4	9
2	7	8	6	4	9	5	1	3

#57

4	7	2	5	6	8	9	3	1
3	6	9	2	1	4	5	8	7
1	8	5	9	7	3	4	6	2
5	3	8	1	4	6	2	7	9
2	1	7	8	9	5	6	4	3
9	4	6	7	3	2	1	5	8
6	9	4	3	2	7	8	1	5
7	5	1	6	8	9	3	2	4
8	2	3	4	5	1	7	9	6

#58

1	2	6	4	5	9	8	7	3
3	9	7	2	1	8	5	6	4
4	8	5	3	6	7	9	2	1
7	5	2	6	8	1	4	3	9
6	3	1	5	9	4	7	8	2
8	4	9	7	2	3	1	5	6
2	6	8	9	4	5	3	1	7
5	7	4	1	3	2	6	9	8
9	1	3	8	7	6	2	4	5

#59

3	4	1	9	8	5	7	6	2
9	2	8	4	7	6	1	3	5
7	5	6	2	3	1	4	8	9
2	3	9	8	6	4	5	1	7
4	8	5	3	1	7	9	2	6
1	6	7	5	2	9	8	4	3
6	7	4	1	5	2	3	9	8
5	1	3	6	9	8	2	7	4
8	9	2	7	4	3	6	5	1

#60

8	5	6	7	1	3	9	2	4
9	7	1	2	4	6	3	5	8
3	2	4	5	8	9	7	6	1
1	8	3	6	9	7	5	4	2
2	6	7	4	3	5	1	8	9
4	9	5	1	2	8	6	7	3
7	4	9	8	6	1	2	3	5
5	3	2	9	7	4	8	1	6
6	1	8	3	5	2	4	9	7

#61

5	6	7	2	1	4	3	9	8
8	3	4	6	9	7	2	1	5
9	1	2	3	5	8	4	7	6
4	8	6	9	7	1	5	3	2
1	9	3	5	8	2	6	4	7
2	7	5	4	6	3	1	8	9
3	4	8	7	2	5	9	6	1
6	2	1	8	4	9	7	5	3
7	5	9	1	3	6	8	2	4

#62

3	9	8	2	1	5	6	7	4
7	1	5	6	9	4	3	8	2
4	6	2	8	7	3	9	5	1
5	4	3	7	8	2	1	6	9
1	7	9	3	5	6	2	4	8
8	2	6	1	4	9	7	3	5
2	5	4	9	3	7	8	1	6
6	3	1	5	2	8	4	9	7
9	8	7	4	6	1	5	2	3

#63

5	9	2	7	4	3	8	1	6
7	3	1	2	6	8	5	4	9
6	4	8	1	5	9	7	3	2
9	8	5	4	3	7	6	2	1
4	1	7	5	2	6	3	9	8
3	2	6	8	9	1	4	5	7
1	6	4	9	8	5	2	7	3
2	7	3	6	1	4	9	8	5
8	5	9	3	7	2	1	6	4

#64

9	2	4	5	1	6	3	8	7
1	3	8	4	9	7	2	6	5
6	5	7	2	8	3	4	1	9
8	1	5	6	4	2	9	7	3
3	4	6	8	7	9	1	5	2
7	9	2	3	5	1	6	4	8
2	6	1	7	3	8	5	9	4
5	7	3	9	6	4	8	2	1
4	8	9	1	2	5	7	3	6

#65

9	2	5	3	1	4	6	8	7
3	7	8	5	6	9	2	1	4
6	4	1	2	7	8	9	3	5
2	1	4	6	9	3	5	7	8
7	5	6	4	8	1	3	2	9
8	9	3	7	2	5	1	4	6
1	8	7	9	5	2	4	6	3
5	3	2	8	4	6	7	9	1
4	6	9	1	3	7	8	5	2

#66

7	8	5	4	9	6	2	1	3
2	1	4	3	5	7	8	9	6
3	6	9	2	8	1	7	5	4
5	9	3	1	2	8	4	6	7
8	7	1	6	4	5	3	2	9
6	4	2	7	3	9	5	8	1
1	3	8	9	7	2	6	4	5
9	5	7	8	6	4	1	3	2
4	2	6	5	1	3	9	7	8

#67

3	7	9	4	2	1	8	5	6
4	8	5	9	6	7	2	1	3
1	6	2	8	5	3	7	9	4
5	4	3	2	9	8	6	7	1
8	2	7	6	1	5	3	4	9
6	9	1	3	7	4	5	2	8
9	3	4	7	8	2	1	6	5
2	1	6	5	3	9	4	8	7
7	5	8	1	4	6	9	3	2

#68

9	6	7	5	2	3	1	4	8
3	5	4	8	1	9	6	2	7
1	2	8	7	6	4	3	9	5
2	4	6	9	8	7	5	3	1
7	1	3	4	5	6	9	8	2
5	8	9	1	3	2	4	7	6
6	7	1	3	4	8	2	5	9
4	9	5	2	7	1	8	6	3
8	3	2	6	9	5	7	1	4

#69

5	6	9	1	8	7	4	3	2
2	3	8	5	6	4	7	1	9
4	7	1	3	2	9	5	8	6
1	5	7	6	9	2	8	4	3
3	4	2	8	1	5	6	9	7
8	9	6	7	4	3	2	5	1
7	1	3	4	5	6	9	2	8
6	2	4	9	3	8	1	7	5
9	8	5	2	7	1	3	6	4

#70

7	2	9	6	3	4	8	1	5
4	1	6	5	2	8	3	9	7
5	3	8	7	1	9	2	6	4
2	7	4	8	9	1	5	3	6
6	5	1	3	4	7	9	8	2
9	8	3	2	5	6	7	4	1
1	6	2	9	7	3	4	5	8
3	4	5	1	8	2	6	7	9
8	9	7	4	6	5	1	2	3

#71

7	4	1	5	9	2	8	3	6
6	9	3	4	8	7	2	5	1
5	8	2	6	3	1	4	9	7
2	5	4	3	6	9	1	7	8
8	3	6	1	7	4	9	2	5
1	7	9	8	2	5	3	6	4
9	6	7	2	4	8	5	1	3
3	1	8	9	5	6	7	4	2
4	2	5	7	1	3	6	8	9

#72

3	7	9	5	1	6	2	4	8
4	2	5	7	9	8	1	3	6
6	1	8	2	3	4	9	7	5
1	5	6	8	7	3	4	9	2
8	4	2	1	5	9	7	6	3
7	9	3	6	4	2	5	8	1
2	3	7	4	8	1	6	5	9
9	6	4	3	2	5	8	1	7
5	8	1	9	6	7	3	2	4

#73

1	6	4	8	2	7	9	5	3
7	8	5	4	3	9	6	2	1
2	9	3	6	5	1	8	4	7
4	1	9	5	8	6	7	3	2
8	3	7	1	4	2	5	6	9
6	5	2	7	9	3	1	8	4
3	7	1	2	6	5	4	9	8
9	4	6	3	1	8	2	7	5
5	2	8	9	7	4	3	1	6

#74

2	6	4	9	1	8	7	3	5
5	3	9	2	6	7	1	8	4
8	7	1	4	5	3	9	2	6
4	5	6	8	3	1	2	9	7
7	8	2	6	9	5	4	1	3
1	9	3	7	4	2	5	6	8
6	1	7	3	2	4	8	5	9
9	4	5	1	8	6	3	7	2
3	2	8	5	7	9	6	4	1

#75

6	1	2	8	4	3	5	7	9
7	5	8	6	9	2	1	3	4
3	9	4	1	7	5	8	6	2
9	3	6	2	5	8	4	1	7
4	2	7	9	3	1	6	5	8
5	8	1	4	6	7	2	9	3
1	6	3	7	8	4	9	2	5
2	4	5	3	1	9	7	8	6
8	7	9	5	2	6	3	4	1

#76

2	8	4	7	3	9	6	1	5
6	7	5	2	1	4	3	8	9
3	1	9	6	8	5	4	2	7
8	9	2	4	7	6	5	3	1
5	4	1	8	9	3	7	6	2
7	6	3	5	2	1	9	4	8
4	2	8	3	5	7	1	9	6
9	5	6	1	4	8	2	7	3
1	3	7	9	6	2	8	5	4

#77

6	4	9	5	8	2	7	3	1
5	1	8	4	7	3	2	6	9
2	7	3	6	1	9	5	4	8
9	8	4	3	6	5	1	7	2
7	5	6	1	2	4	8	9	3
1	3	2	7	9	8	4	5	6
3	9	5	2	4	1	6	8	7
8	2	7	9	5	6	3	1	4
4	6	1	8	3	7	9	2	5

#78

5	6	4	9	7	8	3	1	2
7	3	8	1	2	5	4	6	9
1	2	9	3	4	6	7	5	8
2	8	6	7	5	3	9	4	1
4	1	5	8	9	2	6	3	7
3	9	7	6	1	4	8	2	5
6	7	3	2	8	1	5	9	4
8	5	2	4	3	9	1	7	6
9	4	1	5	6	7	2	8	3

#79

7	5	6	2	4	9	3	8	1
3	8	4	7	1	5	2	6	9
9	1	2	8	6	3	4	5	7
2	7	9	1	8	6	5	4	3
4	6	1	5	3	2	7	9	8
5	3	8	9	7	4	6	1	2
8	9	3	6	5	7	1	2	4
1	4	5	3	2	8	9	7	6
6	2	7	4	9	1	8	3	5

#80

8	9	5	1	6	4	3	7	2
6	2	1	3	8	7	5	9	4
3	7	4	5	9	2	6	1	8
2	5	9	8	7	3	1	4	6
4	8	6	9	2	1	7	5	3
7	1	3	4	5	6	8	2	9
9	3	8	7	4	5	2	6	1
5	4	2	6	1	8	9	3	7
1	6	7	2	3	9	4	8	5

#81

3	6	2	5	9	8	1	4	7
7	4	8	6	1	2	3	5	9
1	5	9	3	7	4	6	2	8
8	3	6	2	5	1	9	7	4
9	1	4	8	3	7	2	6	5
5	2	7	4	6	9	8	1	3
2	9	5	1	4	3	7	8	6
6	7	1	9	8	5	4	3	2
4	8	3	7	2	6	5	9	1

#82

1	4	5	7	8	3	2	6	9
6	2	8	9	5	1	4	3	7
9	7	3	2	6	4	5	8	1
8	1	6	4	9	5	3	7	2
2	3	9	1	7	8	6	4	5
4	5	7	3	2	6	9	1	8
7	6	4	5	1	9	8	2	3
3	9	2	8	4	7	1	5	6
5	8	1	6	3	2	7	9	4

#83

4	6	5	7	8	3	2	1	9
1	7	3	9	6	2	8	4	5
8	9	2	5	4	1	7	3	6
2	8	1	6	7	9	3	5	4
9	4	7	8	3	5	1	6	2
3	5	6	2	1	4	9	7	8
7	2	4	3	5	8	6	9	1
5	3	9	1	2	6	4	8	7
6	1	8	4	9	7	5	2	3

#84

4	8	6	7	5	1	3	9	2
1	3	7	8	9	2	6	4	5
5	9	2	4	3	6	7	8	1
7	5	8	6	1	4	2	3	9
2	6	3	9	7	5	8	1	4
9	1	4	3	2	8	5	6	7
8	4	9	2	6	7	1	5	3
6	2	5	1	4	3	9	7	8
3	7	1	5	8	9	4	2	6

#85

1	2	4	6	7	5	8	9	3
7	8	5	3	9	4	1	2	6
9	3	6	2	8	1	4	5	7
8	7	1	9	6	2	3	4	5
5	4	2	1	3	7	9	6	8
3	6	9	5	4	8	2	7	1
6	9	8	4	5	3	7	1	2
4	1	3	7	2	6	5	8	9
2	5	7	8	1	9	6	3	4

#86

2	5	1	9	4	3	8	6	7
3	9	7	2	6	8	1	5	4
8	4	6	5	7	1	9	3	2
9	3	8	7	2	5	4	1	6
6	2	5	4	1	9	3	7	8
1	7	4	8	3	6	2	9	5
7	8	9	3	5	2	6	4	1
5	1	2	6	9	4	7	8	3
4	6	3	1	8	7	5	2	9

#87

3	6	1	2	9	5	8	4	7
4	8	9	3	6	7	1	2	5
7	5	2	1	8	4	6	3	9
5	9	8	6	7	3	2	1	4
2	3	4	9	1	8	5	7	6
1	7	6	4	5	2	3	9	8
6	4	7	8	2	1	9	5	3
8	2	5	7	3	9	4	6	1
9	1	3	5	4	6	7	8	2

#88

3	4	1	8	5	7	2	9	6
8	9	5	2	6	4	7	3	1
6	7	2	9	1	3	4	8	5
9	8	4	1	7	2	5	6	3
2	6	3	4	8	5	9	1	7
5	1	7	6	3	9	8	2	4
7	2	9	3	4	1	6	5	8
4	3	6	5	9	8	1	7	2
1	5	8	7	2	6	3	4	9

#89

7	9	8	4	2	3	6	5	1
1	2	5	7	8	6	4	9	3
6	3	4	1	9	5	7	2	8
8	7	1	3	6	2	9	4	5
9	4	6	5	1	7	3	8	2
3	5	2	9	4	8	1	7	6
2	1	7	8	3	9	5	6	4
4	8	9	6	5	1	2	3	7
5	6	3	2	7	4	8	1	9

#90

5	7	4	3	1	9	6	8	2
9	1	8	4	6	2	5	7	3
2	6	3	5	8	7	4	9	1
4	9	6	1	3	8	2	5	7
7	8	5	9	2	6	3	1	4
3	2	1	7	4	5	8	6	9
8	4	7	2	5	1	9	3	6
6	3	9	8	7	4	1	2	5
1	5	2	6	9	3	7	4	8

#91

5	8	2	1	6	9	4	3	7
1	4	7	8	5	3	2	6	9
3	9	6	2	7	4	5	8	1
9	5	4	7	8	1	6	2	3
2	6	1	4	3	5	9	7	8
8	7	3	6	9	2	1	4	5
4	3	5	9	2	8	7	1	6
7	1	9	3	4	6	8	5	2
6	2	8	5	1	7	3	9	4

#92

7	1	4	6	9	2	3	8	5
5	8	6	3	4	7	1	2	9
3	2	9	1	8	5	6	7	4
8	3	1	4	6	9	7	5	2
4	5	2	7	1	8	9	6	3
9	6	7	5	2	3	4	1	8
6	4	8	9	5	1	2	3	7
2	9	3	8	7	6	5	4	1
1	7	5	2	3	4	8	9	6

#93

2	1	8	3	7	6	5	9	4
3	4	6	5	9	2	7	1	8
9	5	7	4	8	1	3	2	6
5	2	4	6	3	8	1	7	9
6	9	1	7	5	4	8	3	2
8	7	3	1	2	9	4	6	5
7	3	2	8	6	5	9	4	1
4	6	5	9	1	7	2	8	3
1	8	9	2	4	3	6	5	7

#94

5	7	3	8	6	1	9	4	2
1	9	4	5	2	7	8	6	3
8	6	2	3	9	4	5	7	1
2	5	8	6	7	3	4	1	9
7	1	9	2	4	5	3	8	6
4	3	6	1	8	9	7	2	5
6	4	7	9	3	2	1	5	8
3	8	1	7	5	6	2	9	4
9	2	5	4	1	8	6	3	7

#95

3	8	2	4	9	7	1	6	5
1	4	5	3	6	8	2	7	9
9	7	6	1	5	2	3	8	4
4	1	7	2	8	3	5	9	6
2	5	3	9	4	6	8	1	7
8	6	9	7	1	5	4	3	2
6	2	8	5	7	1	9	4	3
5	9	1	6	3	4	7	2	8
7	3	4	8	2	9	6	5	1

#96

9	4	5	6	3	1	7	8	2
3	7	6	2	4	8	5	1	9
1	2	8	7	5	9	3	6	4
6	5	9	1	7	4	8	2	3
7	1	3	8	2	5	9	4	6
2	8	4	9	6	3	1	5	7
8	9	2	4	1	7	6	3	5
4	3	1	5	9	6	2	7	8
5	6	7	3	8	2	4	9	1

#97

4	5	1	7	8	9	2	6	3
8	9	7	3	6	2	1	5	4
6	3	2	4	1	5	8	7	9
3	1	6	9	5	7	4	2	8
9	7	4	1	2	8	6	3	5
5	2	8	6	4	3	7	9	1
1	8	3	2	9	6	5	4	7
2	4	9	5	7	1	3	8	6
7	6	5	8	3	4	9	1	2

#98

1	6	9	3	4	7	2	5	8
5	2	4	9	1	8	6	7	3
3	7	8	2	6	5	1	4	9
7	1	6	4	5	9	8	3	2
4	8	3	6	7	2	9	1	5
2	9	5	1	8	3	4	6	7
9	4	2	5	3	1	7	8	6
8	5	1	7	9	6	3	2	4
6	3	7	8	2	4	5	9	1

#99

5	9	1	6	7	8	2	3	4
6	2	7	1	4	3	5	9	8
3	4	8	2	9	5	6	1	7
1	3	9	7	5	6	8	4	2
7	5	2	4	8	1	3	6	9
8	6	4	3	2	9	7	5	1
2	7	5	9	6	4	1	8	3
9	1	6	8	3	7	4	2	5
4	8	3	5	1	2	9	7	6

#100

1	8	9	6	2	5	4	3	7
3	7	6	1	4	8	2	9	5
5	4	2	9	3	7	1	6	8
9	3	5	8	6	2	7	4	1
6	1	8	7	9	4	3	5	2
4	2	7	5	1	3	9	8	6
2	9	1	3	5	6	8	7	4
7	6	3	4	8	1	5	2	9
8	5	4	2	7	9	6	1	3

#101

8	5	9	7	6	1	2	3	4
2	6	7	3	4	9	5	1	8
1	4	3	8	2	5	7	6	9
9	7	6	1	3	2	4	8	5
4	2	8	9	5	6	3	7	1
3	1	5	4	8	7	6	9	2
6	3	2	5	9	8	1	4	7
5	8	1	6	7	4	9	2	3
7	9	4	2	1	3	8	5	6

#102

4	7	2	6	1	3	9	5	8
8	3	1	5	7	9	4	6	2
6	9	5	8	4	2	1	3	7
5	8	3	2	9	4	6	7	1
9	2	7	1	5	6	3	8	4
1	4	6	7	3	8	2	9	5
7	6	4	9	2	5	8	1	3
3	1	9	4	8	7	5	2	6
2	5	8	3	6	1	7	4	9

#103

4	8	3	2	7	6	1	9	5
7	5	9	4	1	8	3	6	2
6	1	2	5	9	3	8	4	7
2	9	8	1	5	4	7	3	6
5	7	6	3	8	9	4	2	1
1	3	4	7	6	2	5	8	9
9	6	5	8	4	7	2	1	3
8	2	1	6	3	5	9	7	4
3	4	7	9	2	1	6	5	8

#104

3	7	9	8	2	4	1	5	6
6	2	4	9	5	1	8	7	3
5	1	8	3	6	7	4	2	9
1	4	7	2	9	8	6	3	5
8	6	5	7	4	3	2	9	1
2	9	3	6	1	5	7	8	4
9	3	2	1	8	6	5	4	7
4	8	6	5	7	9	3	1	2
7	5	1	4	3	2	9	6	8

#105

7	5	4	8	9	2	3	1	6
3	9	8	7	1	6	2	4	5
6	1	2	3	4	5	7	9	8
8	7	3	9	6	1	5	2	4
5	2	1	4	7	3	6	8	9
9	4	6	5	2	8	1	3	7
4	3	9	1	5	7	8	6	2
2	8	5	6	3	9	4	7	1
1	6	7	2	8	4	9	5	3

#106

4	2	5	9	6	8	3	1	7
9	7	6	1	5	3	2	4	8
8	3	1	7	4	2	6	9	5
7	5	9	6	2	4	1	8	3
2	1	8	3	9	5	4	7	6
3	6	4	8	7	1	9	5	2
6	4	2	5	8	9	7	3	1
1	8	7	4	3	6	5	2	9
5	9	3	2	1	7	8	6	4

#107

8	6	2	4	9	5	3	7	1
7	9	1	2	6	3	8	5	4
4	3	5	1	7	8	2	9	6
2	8	7	6	5	1	9	4	3
5	4	6	8	3	9	1	2	7
9	1	3	7	2	4	5	6	8
1	5	8	9	4	7	6	3	2
3	2	4	5	1	6	7	8	9
6	7	9	3	8	2	4	1	5

#108

5	1	4	2	9	7	3	8	6
3	2	7	8	6	1	9	4	5
9	8	6	3	4	5	1	7	2
7	6	3	9	5	8	2	1	4
4	9	2	1	3	6	8	5	7
8	5	1	7	2	4	6	3	9
1	7	9	4	8	2	5	6	3
2	4	5	6	1	3	7	9	8
6	3	8	5	7	9	4	2	1

#109

5	2	8	9	4	7	6	3	1
4	3	7	1	6	2	5	8	9
6	1	9	3	8	5	2	4	7
8	5	4	7	9	1	3	2	6
3	6	1	2	5	8	7	9	4
7	9	2	4	3	6	1	5	8
1	8	6	5	2	4	9	7	3
9	4	5	6	7	3	8	1	2
2	7	3	8	1	9	4	6	5

#110

8	9	2	7	3	6	4	5	1
5	6	3	1	4	8	9	2	7
4	1	7	2	9	5	3	8	6
3	8	5	4	7	9	1	6	2
6	4	9	8	2	1	7	3	5
7	2	1	6	5	3	8	4	9
2	3	8	5	1	7	6	9	4
9	7	4	3	6	2	5	1	8
1	5	6	9	8	4	2	7	3

#111

7	9	3	1	4	5	6	8	2
2	6	4	8	9	7	1	5	3
1	5	8	6	3	2	7	9	4
8	1	2	3	5	9	4	7	6
6	4	5	7	2	8	3	1	9
9	3	7	4	6	1	5	2	8
4	7	1	2	8	6	9	3	5
3	8	9	5	7	4	2	6	1
5	2	6	9	1	3	8	4	7

#112

2	1	8	4	6	3	9	5	7
4	3	9	7	1	5	2	8	6
7	5	6	8	9	2	1	3	4
3	6	4	5	7	9	8	1	2
1	8	7	3	2	4	5	6	9
5	9	2	6	8	1	7	4	3
9	4	3	1	5	7	6	2	8
6	2	1	9	3	8	4	7	5
8	7	5	2	4	6	3	9	1

#113

9	6	4	5	8	7	2	3	1
7	1	8	3	4	2	5	9	6
3	5	2	9	6	1	7	8	4
8	4	9	7	5	3	1	6	2
1	7	3	8	2	6	9	4	5
6	2	5	4	1	9	3	7	8
5	3	6	1	9	4	8	2	7
4	9	1	2	7	8	6	5	3
2	8	7	6	3	5	4	1	9

#114

9	7	6	4	3	1	5	2	8
4	3	5	2	8	6	7	1	9
2	8	1	5	9	7	4	3	6
1	6	9	3	4	5	8	7	2
3	4	8	7	6	2	1	9	5
5	2	7	9	1	8	3	6	4
7	9	2	8	5	3	6	4	1
8	1	4	6	7	9	2	5	3
6	5	3	1	2	4	9	8	7

#115

3	7	5	2	6	9	8	4	1
6	1	4	3	7	8	9	5	2
8	2	9	1	5	4	3	6	7
1	6	8	7	4	5	2	3	9
2	9	7	6	3	1	4	8	5
5	4	3	8	9	2	7	1	6
7	5	6	9	8	3	1	2	4
4	3	2	5	1	7	6	9	8
9	8	1	4	2	6	5	7	3

#116

5	4	7	8	9	1	2	6	3
9	2	6	3	4	5	1	8	7
1	3	8	6	7	2	4	5	9
4	7	3	2	8	6	5	9	1
8	9	2	1	5	7	3	4	6
6	5	1	9	3	4	8	7	2
3	8	5	7	2	9	6	1	4
2	1	9	4	6	8	7	3	5
7	6	4	5	1	3	9	2	8

#117

9	2	8	5	4	1	7	3	6
5	4	7	3	8	6	2	9	1
3	1	6	9	7	2	5	4	8
2	9	5	1	6	7	4	8	3
6	8	3	2	5	4	9	1	7
4	7	1	8	3	9	6	5	2
8	6	4	7	9	3	1	2	5
1	3	9	6	2	5	8	7	4
7	5	2	4	1	8	3	6	9

#118

8	2	5	4	3	9	7	6	1
7	1	3	6	2	5	9	8	4
6	4	9	8	1	7	5	2	3
1	7	4	2	6	8	3	9	5
2	5	8	9	4	3	6	1	7
9	3	6	7	5	1	2	4	8
5	9	7	1	8	2	4	3	6
3	6	1	5	9	4	8	7	2
4	8	2	3	7	6	1	5	9

#119

1	9	2	3	8	6	5	7	4
8	7	3	5	2	4	1	6	9
5	6	4	1	9	7	8	3	2
9	4	1	2	7	5	6	8	3
6	3	7	8	1	9	4	2	5
2	8	5	4	6	3	7	9	1
3	5	9	7	4	8	2	1	6
4	1	8	6	3	2	9	5	7
7	2	6	9	5	1	3	4	8

#120

1	2	7	8	4	5	3	6	9
3	4	8	7	9	6	2	1	5
9	5	6	3	1	2	4	8	7
2	7	3	1	8	9	5	4	6
4	1	5	6	2	3	7	9	8
6	8	9	5	7	4	1	3	2
7	9	4	2	6	1	8	5	3
5	6	2	4	3	8	9	7	1
8	3	1	9	5	7	6	2	4

#121

3	6	2	8	1	4	9	5	7
1	7	8	5	3	9	4	6	2
5	9	4	2	7	6	1	8	3
8	4	3	7	9	1	5	2	6
6	5	7	3	4	2	8	9	1
2	1	9	6	8	5	7	3	4
9	3	6	4	5	7	2	1	8
7	8	5	1	2	3	6	4	9
4	2	1	9	6	8	3	7	5

#122

1	2	3	6	5	8	7	9	4
4	7	8	9	2	3	1	6	5
9	5	6	1	7	4	2	8	3
7	1	9	4	6	2	3	5	8
8	4	2	7	3	5	6	1	9
3	6	5	8	1	9	4	2	7
6	8	1	5	4	7	9	3	2
2	9	7	3	8	6	5	4	1
5	3	4	2	9	1	8	7	6

#123

2	6	7	5	1	8	4	9	3
9	3	1	7	4	6	5	8	2
8	5	4	3	9	2	7	1	6
3	1	8	2	7	5	6	4	9
4	7	2	1	6	9	8	3	5
6	9	5	8	3	4	2	7	1
7	4	6	9	2	3	1	5	8
1	8	3	6	5	7	9	2	4
5	2	9	4	8	1	3	6	7

#124

7	1	9	5	2	6	4	8	3
5	2	3	9	4	8	6	7	1
6	4	8	3	1	7	5	9	2
1	7	5	4	8	2	3	6	9
8	9	6	1	5	3	2	4	7
4	3	2	7	6	9	8	1	5
9	5	7	6	3	4	1	2	8
2	6	1	8	7	5	9	3	4
3	8	4	2	9	1	7	5	6

#125

4	2	3	8	1	6	9	7	5
1	6	7	4	9	5	8	3	2
8	5	9	7	3	2	6	4	1
3	9	8	5	7	4	1	2	6
6	4	5	1	2	9	3	8	7
2	7	1	6	8	3	4	5	9
9	8	6	3	5	7	2	1	4
5	1	2	9	4	8	7	6	3
7	3	4	2	6	1	5	9	8

#126

4	1	7	8	9	3	5	2	6
5	2	6	4	1	7	9	3	8
8	3	9	5	2	6	7	4	1
3	5	1	6	4	9	8	7	2
9	7	8	3	5	2	6	1	4
2	6	4	7	8	1	3	5	9
1	4	3	9	7	8	2	6	5
7	8	5	2	6	4	1	9	3
6	9	2	1	3	5	4	8	7

#127

3	2	8	1	7	4	6	5	9
5	9	4	6	8	2	1	3	7
7	1	6	5	3	9	4	2	8
6	8	1	3	2	5	9	7	4
9	5	2	4	1	7	3	8	6
4	3	7	8	9	6	2	1	5
1	4	3	7	6	8	5	9	2
8	6	9	2	5	3	7	4	1
2	7	5	9	4	1	8	6	3

#128

9	5	3	1	7	2	4	6	8
6	1	2	8	3	4	7	9	5
4	8	7	5	9	6	3	2	1
8	6	5	3	4	1	2	7	9
3	7	9	2	5	8	6	1	4
1	2	4	7	6	9	5	8	3
7	9	6	4	8	5	1	3	2
5	3	1	9	2	7	8	4	6
2	4	8	6	1	3	9	5	7

#129

4	3	7	2	8	9	1	6	5
2	1	8	3	5	6	9	4	7
5	9	6	1	7	4	8	2	3
7	5	9	4	6	1	2	3	8
3	8	4	9	2	7	6	5	1
1	6	2	5	3	8	7	9	4
6	2	3	7	1	5	4	8	9
8	4	1	6	9	3	5	7	2
9	7	5	8	4	2	3	1	6

#130

1	2	8	7	5	9	6	4	3
5	6	9	3	4	1	8	7	2
4	7	3	8	6	2	1	9	5
2	5	6	9	7	4	3	8	1
3	8	4	2	1	5	7	6	9
9	1	7	6	8	3	2	5	4
7	9	2	4	3	8	5	1	6
8	4	5	1	2	6	9	3	7
6	3	1	5	9	7	4	2	8

#131

6	8	2	1	9	7	4	5	3
4	3	7	2	8	5	1	9	6
1	5	9	3	4	6	8	2	7
7	1	4	5	2	8	6	3	9
5	6	8	7	3	9	2	4	1
9	2	3	4	6	1	5	7	8
3	7	5	6	1	2	9	8	4
2	9	6	8	7	4	3	1	5
8	4	1	9	5	3	7	6	2

#132

5	2	1	7	3	6	8	9	4
9	7	8	2	4	1	5	3	6
6	4	3	9	5	8	1	7	2
3	6	5	4	1	2	9	8	7
4	8	9	3	6	7	2	5	1
2	1	7	5	8	9	6	4	3
1	5	4	8	2	3	7	6	9
8	9	6	1	7	4	3	2	5
7	3	2	6	9	5	4	1	8

#133

5	8	2	6	3	1	9	4	7
3	9	1	4	7	2	6	8	5
7	4	6	5	8	9	1	3	2
1	5	7	3	4	6	8	2	9
8	2	4	7	9	5	3	6	1
6	3	9	1	2	8	7	5	4
9	1	5	2	6	3	4	7	8
4	6	8	9	5	7	2	1	3
2	7	3	8	1	4	5	9	6

#134

9	4	1	6	2	7	3	5	8
7	8	5	3	4	1	2	9	6
2	3	6	9	8	5	7	1	4
8	6	7	4	5	3	1	2	9
3	9	4	1	6	2	8	7	5
5	1	2	8	7	9	4	6	3
6	5	3	2	1	8	9	4	7
1	7	8	5	9	4	6	3	2
4	2	9	7	3	6	5	8	1

#135

8	4	1	9	2	5	3	7	6
9	6	5	7	8	3	1	2	4
7	3	2	1	6	4	9	8	5
5	7	6	3	1	8	4	9	2
2	8	4	6	7	9	5	3	1
1	9	3	5	4	2	8	6	7
6	5	7	8	9	1	2	4	3
3	2	8	4	5	7	6	1	9
4	1	9	2	3	6	7	5	8

#136

1	6	5	3	4	7	9	2	8
9	4	7	5	2	8	3	1	6
3	8	2	1	6	9	5	4	7
7	9	3	8	1	4	6	5	2
8	5	6	9	3	2	4	7	1
4	2	1	7	5	6	8	9	3
6	3	4	2	7	5	1	8	9
2	1	8	4	9	3	7	6	5
5	7	9	6	8	1	2	3	4

#137

2	1	6	4	9	7	8	5	3
9	4	5	1	8	3	2	6	7
8	3	7	6	2	5	1	4	9
3	6	9	7	4	2	5	8	1
4	8	1	5	6	9	7	3	2
5	7	2	3	1	8	4	9	6
1	9	4	2	5	6	3	7	8
7	5	8	9	3	1	6	2	4
6	2	3	8	7	4	9	1	5

#138

5	4	6	1	8	7	2	3	9
3	7	9	4	2	5	8	1	6
8	1	2	6	3	9	4	7	5
7	8	3	2	5	1	6	9	4
1	9	4	7	6	8	5	2	3
2	6	5	3	9	4	1	8	7
9	5	7	8	1	6	3	4	2
6	2	8	9	4	3	7	5	1
4	3	1	5	7	2	9	6	8

#139

7	3	1	4	9	8	5	2	6
5	4	2	7	1	6	8	3	9
9	6	8	3	2	5	7	4	1
6	7	9	5	4	3	2	1	8
3	1	5	2	8	7	6	9	4
2	8	4	1	6	9	3	5	7
1	2	3	6	7	4	9	8	5
8	5	6	9	3	1	4	7	2
4	9	7	8	5	2	1	6	3

#140

5	4	1	7	2	6	8	9	3
8	7	2	9	4	3	1	5	6
9	3	6	5	1	8	4	2	7
1	2	5	4	6	9	3	7	8
4	6	7	3	8	2	9	1	5
3	9	8	1	5	7	2	6	4
7	1	3	6	9	4	5	8	2
2	5	4	8	7	1	6	3	9
6	8	9	2	3	5	7	4	1

#141

6	3	1	7	2	5	4	8	9
4	2	9	8	3	1	7	5	6
8	5	7	4	9	6	2	1	3
1	8	5	2	7	9	3	6	4
9	7	3	5	6	4	1	2	8
2	4	6	3	1	8	9	7	5
3	6	4	1	8	2	5	9	7
7	9	2	6	5	3	8	4	1
5	1	8	9	4	7	6	3	2

#142

3	4	1	6	7	2	5	9	8
9	8	2	3	5	4	6	1	7
6	5	7	1	8	9	4	3	2
8	9	6	2	1	7	3	5	4
2	1	5	4	3	6	8	7	9
4	7	3	5	9	8	1	2	6
5	2	8	7	6	1	9	4	3
7	3	9	8	4	5	2	6	1
1	6	4	9	2	3	7	8	5

#143

6	7	4	3	1	2	8	5	9
9	3	1	8	5	7	2	4	6
5	2	8	4	6	9	7	1	3
2	6	5	1	7	8	3	9	4
8	1	3	2	9	4	5	6	7
4	9	7	5	3	6	1	8	2
1	5	6	9	2	3	4	7	8
3	8	9	7	4	5	6	2	1
7	4	2	6	8	1	9	3	5

#144

3	4	8	6	2	7	1	9	5
6	7	5	1	4	9	2	8	3
1	2	9	3	5	8	7	6	4
9	1	6	4	8	3	5	2	7
7	3	2	5	1	6	9	4	8
8	5	4	7	9	2	3	1	6
5	9	3	2	6	4	8	7	1
2	6	7	8	3	1	4	5	9
4	8	1	9	7	5	6	3	2

#145

9	4	6	3	1	2	7	8	5
5	2	3	8	6	7	9	4	1
7	8	1	5	9	4	2	3	6
3	7	8	1	2	5	4	6	9
4	6	5	9	8	3	1	2	7
2	1	9	7	4	6	3	5	8
6	5	7	4	3	1	8	9	2
8	3	2	6	7	9	5	1	4
1	9	4	2	5	8	6	7	3

#146

1	3	9	5	8	6	2	4	7
2	6	4	9	1	7	3	5	8
5	7	8	4	2	3	1	6	9
8	9	6	7	4	1	5	3	2
7	1	2	3	5	9	6	8	4
4	5	3	8	6	2	9	7	1
6	4	5	2	9	8	7	1	3
9	8	7	1	3	5	4	2	6
3	2	1	6	7	4	8	9	5

#147

6	3	2	5	4	7	9	1	8
4	8	5	2	9	1	7	6	3
7	1	9	6	8	3	2	5	4
2	4	3	7	1	6	5	8	9
8	6	1	9	5	2	4	3	7
9	5	7	8	3	4	1	2	6
3	9	4	1	6	5	8	7	2
1	2	6	4	7	8	3	9	5
5	7	8	3	2	9	6	4	1

#148

7	8	2	4	6	3	5	1	9
5	1	4	9	2	7	3	8	6
9	6	3	5	8	1	7	4	2
2	3	9	1	4	5	8	6	7
6	5	8	3	7	2	1	9	4
1	4	7	8	9	6	2	3	5
4	2	1	6	5	8	9	7	3
3	7	6	2	1	9	4	5	8
8	9	5	7	3	4	6	2	1

#149

5	9	1	2	8	6	4	3	7
8	2	7	3	4	9	6	1	5
6	4	3	1	5	7	8	2	9
7	8	6	9	3	5	2	4	1
4	3	5	8	1	2	9	7	6
2	1	9	6	7	4	3	5	8
3	7	4	5	9	8	1	6	2
1	6	8	7	2	3	5	9	4
9	5	2	4	6	1	7	8	3

#150

5	1	7	9	4	2	6	8	3
3	4	6	1	8	7	2	5	9
9	8	2	5	6	3	7	4	1
4	3	8	7	9	1	5	6	2
1	6	9	4	2	5	3	7	8
2	7	5	8	3	6	9	1	4
8	5	4	2	7	9	1	3	6
7	2	3	6	1	8	4	9	5
6	9	1	3	5	4	8	2	7

#151

9	1	5	7	6	3	8	4	2
4	3	2	8	5	1	7	6	9
7	6	8	4	9	2	3	1	5
1	5	6	9	8	4	2	3	7
2	8	7	1	3	5	4	9	6
3	4	9	6	2	7	5	8	1
8	7	1	2	4	6	9	5	3
5	2	4	3	1	9	6	7	8
6	9	3	5	7	8	1	2	4

#152

5	4	6	1	2	7	3	8	9
1	9	3	4	6	8	7	5	2
2	7	8	9	5	3	4	6	1
3	1	2	7	9	6	8	4	5
9	6	4	5	8	2	1	7	3
7	8	5	3	4	1	9	2	6
4	2	7	6	1	9	5	3	8
6	3	9	8	7	5	2	1	4
8	5	1	2	3	4	6	9	7

#153

9	2	8	4	1	7	5	3	6
3	4	1	5	8	6	9	7	2
7	6	5	2	9	3	8	4	1
5	1	4	9	7	8	2	6	3
6	3	7	1	2	5	4	8	9
2	8	9	6	3	4	1	5	7
8	5	2	3	6	9	7	1	4
1	7	3	8	4	2	6	9	5
4	9	6	7	5	1	3	2	8

#154

3	5	7	6	8	4	2	1	9
2	6	9	5	3	1	8	4	7
1	4	8	9	7	2	3	6	5
5	3	1	8	2	7	4	9	6
7	8	6	3	4	9	5	2	1
4	9	2	1	6	5	7	3	8
8	2	5	4	9	6	1	7	3
6	7	3	2	1	8	9	5	4
9	1	4	7	5	3	6	8	2

#155

2	9	6	7	4	8	1	5	3
8	1	4	5	3	2	7	9	6
3	5	7	1	6	9	8	2	4
9	8	3	4	7	1	2	6	5
6	7	5	2	9	3	4	8	1
1	4	2	8	5	6	9	3	7
7	2	9	3	1	5	6	4	8
4	3	8	6	2	7	5	1	9
5	6	1	9	8	4	3	7	2

#156

5	7	6	1	4	2	9	3	8
4	9	8	7	6	3	1	5	2
1	2	3	5	9	8	4	6	7
9	1	5	4	8	7	3	2	6
7	6	2	3	5	1	8	4	9
8	3	4	9	2	6	5	7	1
6	5	1	2	3	9	7	8	4
3	8	7	6	1	4	2	9	5
2	4	9	8	7	5	6	1	3

#157

5	9	3	4	1	7	8	6	2
7	4	8	5	6	2	1	3	9
1	6	2	9	3	8	7	5	4
8	1	6	7	5	4	9	2	3
4	5	9	8	2	3	6	7	1
2	3	7	6	9	1	4	8	5
9	2	4	3	7	6	5	1	8
6	8	1	2	4	5	3	9	7
3	7	5	1	8	9	2	4	6

#158

7	4	1	9	5	6	8	2	3
6	9	3	8	4	2	5	1	7
2	5	8	3	7	1	9	6	4
8	2	4	5	3	9	6	7	1
5	3	6	7	1	4	2	8	9
9	1	7	2	6	8	4	3	5
3	7	2	6	9	5	1	4	8
4	6	5	1	8	7	3	9	2
1	8	9	4	2	3	7	5	6

#159

1	9	6	5	8	3	7	4	2
7	5	8	2	4	9	1	6	3
4	3	2	6	7	1	9	8	5
2	4	3	9	5	7	6	1	8
8	7	1	3	6	4	5	2	9
5	6	9	8	1	2	4	3	7
9	1	4	7	2	8	3	5	6
6	2	7	4	3	5	8	9	1
3	8	5	1	9	6	2	7	4

#160

2	5	6	4	7	1	8	3	9
9	4	7	2	3	8	1	6	5
3	8	1	5	9	6	4	7	2
1	3	4	8	6	9	5	2	7
5	7	9	3	2	4	6	1	8
8	6	2	1	5	7	9	4	3
6	1	3	7	8	5	2	9	4
4	2	5	9	1	3	7	8	6
7	9	8	6	4	2	3	5	1

#161

5	8	4	9	2	3	1	7	6
9	3	2	6	7	1	4	5	8
7	1	6	5	8	4	2	3	9
8	9	1	4	3	2	5	6	7
4	5	7	1	9	6	3	8	2
2	6	3	8	5	7	9	4	1
1	2	5	7	4	8	6	9	3
3	4	8	2	6	9	7	1	5
6	7	9	3	1	5	8	2	4

#162

9	1	2	7	8	5	4	6	3
4	6	7	3	9	1	5	8	2
5	8	3	6	2	4	7	1	9
3	2	1	8	4	7	6	9	5
6	4	9	5	1	2	8	3	7
8	7	5	9	3	6	2	4	1
1	3	6	2	5	8	9	7	4
2	9	8	4	7	3	1	5	6
7	5	4	1	6	9	3	2	8

#163

3	8	5	6	7	1	2	4	9
2	6	7	4	3	9	8	5	1
9	4	1	8	5	2	7	6	3
7	1	6	3	4	8	5	9	2
5	3	9	2	6	7	4	1	8
8	2	4	1	9	5	3	7	6
4	9	2	7	1	3	6	8	5
6	5	3	9	8	4	1	2	7
1	7	8	5	2	6	9	3	4

#164

1	8	9	7	4	2	6	3	5
2	6	3	5	9	1	8	4	7
5	4	7	6	3	8	2	9	1
9	7	4	2	8	5	1	6	3
8	2	1	4	6	3	7	5	9
3	5	6	1	7	9	4	2	8
4	3	8	9	2	7	5	1	6
7	1	2	3	5	6	9	8	4
6	9	5	8	1	4	3	7	2

#165

2	8	7	9	5	6	3	1	4
4	3	6	7	2	1	5	8	9
5	9	1	8	4	3	6	7	2
6	1	8	5	9	7	4	2	3
3	2	9	6	1	4	7	5	8
7	5	4	2	3	8	1	9	6
8	6	5	4	7	9	2	3	1
1	4	2	3	8	5	9	6	7
9	7	3	1	6	2	8	4	5

#166

5	2	7	9	6	4	8	3	1
3	1	6	8	7	2	9	5	4
9	8	4	5	3	1	2	6	7
1	5	3	4	2	8	6	7	9
2	7	9	6	1	5	4	8	3
4	6	8	3	9	7	5	1	2
7	9	1	2	8	6	3	4	5
6	4	2	7	5	3	1	9	8
8	3	5	1	4	9	7	2	6

#167

9	6	4	7	2	8	5	1	3
2	3	5	1	4	9	6	8	7
1	7	8	3	5	6	4	9	2
5	2	1	9	3	4	7	6	8
3	4	7	8	6	2	1	5	9
8	9	6	5	7	1	3	2	4
4	5	2	6	9	7	8	3	1
7	8	3	2	1	5	9	4	6
6	1	9	4	8	3	2	7	5

#168

2	5	9	4	8	3	1	6	7
6	7	8	9	5	1	4	2	3
4	3	1	7	2	6	8	5	9
3	1	7	6	9	2	5	4	8
5	9	6	3	4	8	7	1	2
8	4	2	5	1	7	3	9	6
9	2	5	8	7	4	6	3	1
1	8	3	2	6	5	9	7	4
7	6	4	1	3	9	2	8	5

#169

7	8	6	5	4	3	2	9	1
1	5	4	2	9	8	6	7	3
2	9	3	6	7	1	8	4	5
9	2	8	1	5	6	4	3	7
4	6	7	9	3	2	1	5	8
5	3	1	7	8	4	9	2	6
3	1	5	8	2	9	7	6	4
6	4	9	3	1	7	5	8	2
8	7	2	4	6	5	3	1	9

#170

1	2	5	8	3	6	7	4	9
3	7	8	2	4	9	6	1	5
6	4	9	1	7	5	2	8	3
2	6	1	9	5	4	3	7	8
4	5	3	7	2	8	1	9	6
8	9	7	3	6	1	4	5	2
9	3	2	5	1	7	8	6	4
7	8	4	6	9	2	5	3	1
5	1	6	4	8	3	9	2	7

#171

5	7	3	2	6	4	8	1	9
4	1	9	7	5	8	2	6	3
2	6	8	1	9	3	7	4	5
7	2	4	5	3	6	1	9	8
9	8	5	4	2	1	3	7	6
6	3	1	9	8	7	5	2	4
1	9	7	3	4	5	6	8	2
8	5	2	6	1	9	4	3	7
3	4	6	8	7	2	9	5	1

#172

8	3	2	1	7	6	9	5	4
9	1	6	4	3	5	7	2	8
5	7	4	2	9	8	3	6	1
7	9	3	5	6	4	8	1	2
6	8	1	9	2	7	4	3	5
2	4	5	3	8	1	6	7	9
3	2	8	6	5	9	1	4	7
4	6	9	7	1	2	5	8	3
1	5	7	8	4	3	2	9	6

#173

8	9	2	4	6	1	5	7	3
5	3	6	2	9	7	1	4	8
4	1	7	5	8	3	9	6	2
7	5	1	3	2	8	4	9	6
9	8	4	7	1	6	2	3	5
2	6	3	9	4	5	7	8	1
1	7	9	6	3	2	8	5	4
6	2	5	8	7	4	3	1	9
3	4	8	1	5	9	6	2	7

#174

5	2	6	4	9	7	8	1	3
8	3	9	6	2	1	4	7	5
4	7	1	3	8	5	2	6	9
6	4	7	2	5	8	9	3	1
9	1	8	7	6	3	5	4	2
2	5	3	9	1	4	6	8	7
7	6	5	1	4	9	3	2	8
3	8	2	5	7	6	1	9	4
1	9	4	8	3	2	7	5	6

#175

8	9	7	6	2	3	5	4	1
1	4	3	7	5	9	6	8	2
5	6	2	4	8	1	3	9	7
6	7	5	9	1	4	2	3	8
2	8	4	5	3	6	7	1	9
9	3	1	8	7	2	4	6	5
7	5	6	3	9	8	1	2	4
4	2	9	1	6	7	8	5	3
3	1	8	2	4	5	9	7	6

#176

2	6	7	3	1	4	8	5	9
3	9	8	5	6	2	7	4	1
4	1	5	7	9	8	2	3	6
5	2	4	9	3	7	6	1	8
6	7	1	2	8	5	4	9	3
9	8	3	6	4	1	5	7	2
7	3	9	4	2	6	1	8	5
1	4	2	8	5	3	9	6	7
8	5	6	1	7	9	3	2	4

#177

7	5	9	8	2	1	6	4	3
2	4	1	9	3	6	7	5	8
3	6	8	5	4	7	1	2	9
5	8	6	1	9	4	3	7	2
4	7	3	2	6	5	8	9	1
1	9	2	7	8	3	4	6	5
8	3	7	4	5	9	2	1	6
9	2	4	6	1	8	5	3	7
6	1	5	3	7	2	9	8	4

#178

2	8	5	7	4	9	1	6	3
9	3	7	5	6	1	4	8	2
1	6	4	3	2	8	5	9	7
5	2	3	8	9	4	6	7	1
4	1	8	6	5	7	2	3	9
7	9	6	2	1	3	8	4	5
6	4	9	1	7	2	3	5	8
3	7	1	4	8	5	9	2	6
8	5	2	9	3	6	7	1	4

#179

9	8	4	6	3	1	7	2	5
6	2	1	7	8	5	9	4	3
7	5	3	4	9	2	1	8	6
4	3	5	8	7	6	2	1	9
1	9	7	2	4	3	5	6	8
2	6	8	5	1	9	3	7	4
8	1	6	3	5	7	4	9	2
3	4	9	1	2	8	6	5	7
5	7	2	9	6	4	8	3	1

#180

6	3	7	9	2	1	5	8	4
2	4	1	7	5	8	3	9	6
9	8	5	6	3	4	7	2	1
4	1	6	2	9	5	8	3	7
8	9	3	1	7	6	4	5	2
7	5	2	4	8	3	6	1	9
1	2	8	3	6	7	9	4	5
3	6	4	5	1	9	2	7	8
5	7	9	8	4	2	1	6	3

#181

6	4	7	3	8	2	1	5	9
3	1	2	5	9	4	7	8	6
9	8	5	1	6	7	4	2	3
5	3	9	7	4	6	2	1	8
4	2	1	8	3	9	5	6	7
7	6	8	2	1	5	9	3	4
1	5	4	6	7	3	8	9	2
8	9	6	4	2	1	3	7	5
2	7	3	9	5	8	6	4	1

#182

7	2	1	5	8	4	9	3	6
4	9	8	3	6	1	2	7	5
3	6	5	2	7	9	1	8	4
1	5	4	7	2	3	6	9	8
8	3	2	1	9	6	4	5	7
6	7	9	4	5	8	3	2	1
2	4	7	6	3	5	8	1	9
9	1	3	8	4	7	5	6	2
5	8	6	9	1	2	7	4	3

#183

5	1	6	8	4	3	2	9	7
9	4	8	7	5	2	1	6	3
7	2	3	9	6	1	5	4	8
3	5	4	2	9	8	6	7	1
2	9	1	3	7	6	4	8	5
8	6	7	4	1	5	3	2	9
6	8	5	1	2	9	7	3	4
4	3	2	5	8	7	9	1	6
1	7	9	6	3	4	8	5	2

#184

9	3	6	1	5	2	7	4	8
2	5	4	7	8	6	3	9	1
8	1	7	3	4	9	2	6	5
3	9	8	5	6	7	4	1	2
6	4	2	8	9	1	5	7	3
5	7	1	4	2	3	9	8	6
4	6	5	9	3	8	1	2	7
7	2	9	6	1	5	8	3	4
1	8	3	2	7	4	6	5	9

#185

6	3	2	1	5	4	9	8	7
8	5	1	6	7	9	2	3	4
4	9	7	2	3	8	1	5	6
2	8	9	3	6	1	7	4	5
5	7	4	9	8	2	6	1	3
3	1	6	7	4	5	8	2	9
7	4	8	5	2	6	3	9	1
9	2	3	4	1	7	5	6	8
1	6	5	8	9	3	4	7	2

#186

2	5	8	3	6	4	1	7	9
6	1	7	2	9	5	4	3	8
3	9	4	8	7	1	2	6	5
1	8	6	5	4	9	3	2	7
4	7	5	6	2	3	8	9	1
9	2	3	1	8	7	6	5	4
8	3	9	7	1	2	5	4	6
5	4	1	9	3	6	7	8	2
7	6	2	4	5	8	9	1	3

#187

3	8	7	1	9	4	6	2	5
9	5	4	6	3	2	7	1	8
1	6	2	7	5	8	3	9	4
6	1	3	5	7	9	8	4	2
8	7	9	4	2	3	1	5	6
2	4	5	8	6	1	9	7	3
4	3	8	2	1	7	5	6	9
7	2	6	9	8	5	4	3	1
5	9	1	3	4	6	2	8	7

#188

4	6	5	2	7	9	3	8	1
7	2	8	4	3	1	9	5	6
9	3	1	5	6	8	7	2	4
3	5	2	1	8	7	6	4	9
1	9	6	3	4	2	8	7	5
8	4	7	6	9	5	1	3	2
6	1	4	7	5	3	2	9	8
5	7	9	8	2	6	4	1	3
2	8	3	9	1	4	5	6	7

#189

7	1	2	8	4	6	3	9	5
4	6	9	3	1	5	2	7	8
8	3	5	7	9	2	1	4	6
5	8	3	1	6	9	4	2	7
9	7	6	4	2	3	8	5	1
2	4	1	5	8	7	6	3	9
1	9	4	2	5	8	7	6	3
3	5	8	6	7	4	9	1	2
6	2	7	9	3	1	5	8	4

#190

1	3	7	2	5	8	4	6	9
9	8	2	6	3	4	1	5	7
4	5	6	1	7	9	2	8	3
2	9	3	8	6	1	7	4	5
8	4	1	7	9	5	3	2	6
6	7	5	3	4	2	9	1	8
7	2	9	5	1	6	8	3	4
3	6	8	4	2	7	5	9	1
5	1	4	9	8	3	6	7	2

#191

6	9	2	3	7	8	1	4	5
4	1	5	6	2	9	3	7	8
7	8	3	1	5	4	2	9	6
9	7	8	2	3	5	6	1	4
1	5	4	7	8	6	9	3	2
2	3	6	9	4	1	8	5	7
5	2	1	4	6	3	7	8	9
8	6	9	5	1	7	4	2	3
3	4	7	8	9	2	5	6	1

#192

4	6	5	8	2	3	9	7	1
1	7	2	9	4	6	3	8	5
9	3	8	7	5	1	4	2	6
2	8	9	3	1	5	7	6	4
6	1	4	2	9	7	8	5	3
3	5	7	4	6	8	1	9	2
8	2	1	6	7	4	5	3	9
7	4	6	5	3	9	2	1	8
5	9	3	1	8	2	6	4	7

#193

2	3	9	8	7	1	6	5	4
8	5	6	4	9	2	7	1	3
7	1	4	6	5	3	2	8	9
3	9	7	2	6	8	5	4	1
1	8	2	5	4	7	9	3	6
4	6	5	3	1	9	8	2	7
6	2	8	9	3	4	1	7	5
5	4	1	7	8	6	3	9	2
9	7	3	1	2	5	4	6	8

#194

4	8	3	9	5	2	7	6	1
6	5	9	7	1	8	2	3	4
7	2	1	6	4	3	8	9	5
1	6	2	5	3	4	9	8	7
5	9	4	8	6	7	1	2	3
8	3	7	2	9	1	4	5	6
9	1	5	4	8	6	3	7	2
2	4	6	3	7	9	5	1	8
3	7	8	1	2	5	6	4	9

#195

1	9	6	8	4	7	2	3	5
8	2	7	3	6	5	1	9	4
5	4	3	9	1	2	8	7	6
6	8	2	5	3	9	7	4	1
3	1	5	4	7	8	9	6	2
4	7	9	6	2	1	3	5	8
9	6	4	1	8	3	5	2	7
2	3	8	7	5	6	4	1	9
7	5	1	2	9	4	6	8	3

#196

7	1	4	3	9	2	5	6	8
9	3	8	6	5	7	2	4	1
2	6	5	8	4	1	3	9	7
4	2	1	5	7	9	6	8	3
6	8	7	2	1	3	9	5	4
3	5	9	4	8	6	7	1	2
1	7	6	9	3	8	4	2	5
5	9	3	1	2	4	8	7	6
8	4	2	7	6	5	1	3	9

#197

7	1	5	4	2	9	8	6	3
2	8	6	1	3	7	9	5	4
9	3	4	6	5	8	1	7	2
6	7	1	9	8	4	2	3	5
4	9	3	5	6	2	7	1	8
5	2	8	3	7	1	4	9	6
8	6	2	7	9	5	3	4	1
3	4	9	2	1	6	5	8	7
1	5	7	8	4	3	6	2	9

#198

6	2	9	3	8	7	5	1	4
3	7	5	9	4	1	2	8	6
4	1	8	2	6	5	3	7	9
1	3	7	4	9	2	8	6	5
8	9	6	5	7	3	4	2	1
5	4	2	6	1	8	9	3	7
2	6	3	7	5	9	1	4	8
9	8	4	1	2	6	7	5	3
7	5	1	8	3	4	6	9	2

#199

3	1	6	9	7	2	5	8	4
2	4	9	8	5	1	6	7	3
5	7	8	6	3	4	1	2	9
6	3	7	1	4	5	2	9	8
1	9	4	3	2	8	7	6	5
8	5	2	7	9	6	4	3	1
4	6	1	2	8	3	9	5	7
7	2	3	5	1	9	8	4	6
9	8	5	4	6	7	3	1	2

#200

8	2	5	9	3	6	7	1	4
4	7	6	8	2	1	5	3	9
1	3	9	5	4	7	6	2	8
3	4	8	7	6	9	2	5	1
6	9	1	4	5	2	3	8	7
7	5	2	3	1	8	4	9	6
5	8	4	1	7	3	9	6	2
9	6	7	2	8	5	1	4	3
2	1	3	6	9	4	8	7	5

#201

5	1	8	9	6	7	3	4	2
9	2	4	1	8	3	7	6	5
6	7	3	2	4	5	8	1	9
7	3	5	6	2	9	1	8	4
8	6	2	4	7	1	9	5	3
1	4	9	5	3	8	6	2	7
3	9	1	8	5	4	2	7	6
2	5	7	3	1	6	4	9	8
4	8	6	7	9	2	5	3	1

#202

2	8	5	3	6	4	9	1	7
3	1	4	5	9	7	6	2	8
7	6	9	8	2	1	5	4	3
8	3	1	2	5	6	7	9	4
4	2	7	1	3	9	8	5	6
5	9	6	7	4	8	2	3	1
6	7	2	9	1	3	4	8	5
9	4	3	6	8	5	1	7	2
1	5	8	4	7	2	3	6	9

#203

9	8	2	3	5	1	4	7	6
6	3	4	9	8	7	1	5	2
7	1	5	4	6	2	9	3	8
8	7	9	5	4	3	6	2	1
4	6	3	2	1	9	7	8	5
5	2	1	8	7	6	3	4	9
3	9	8	6	2	4	5	1	7
2	4	7	1	9	5	8	6	3
1	5	6	7	3	8	2	9	4

#204

9	4	8	1	6	5	7	3	2
7	1	6	9	3	2	8	4	5
2	3	5	7	8	4	1	6	9
1	5	2	4	9	6	3	8	7
4	7	9	3	1	8	5	2	6
6	8	3	5	2	7	9	1	4
5	6	7	8	4	3	2	9	1
3	9	4	2	7	1	6	5	8
8	2	1	6	5	9	4	7	3

#205

3	5	8	4	9	2	6	7	1
1	4	2	7	8	6	3	9	5
6	7	9	5	1	3	4	2	8
4	8	5	9	3	7	2	1	6
7	3	6	8	2	1	9	5	4
2	9	1	6	4	5	8	3	7
9	6	3	1	7	8	5	4	2
8	1	4	2	5	9	7	6	3
5	2	7	3	6	4	1	8	9

#206

2	7	4	1	8	3	9	5	6
6	3	1	2	9	5	8	7	4
9	8	5	6	4	7	2	3	1
5	9	8	3	2	4	6	1	7
4	2	6	7	1	9	3	8	5
3	1	7	5	6	8	4	2	9
7	6	3	9	5	2	1	4	8
8	5	9	4	3	1	7	6	2
1	4	2	8	7	6	5	9	3

#207

6	5	9	7	3	8	1	4	2
4	2	1	5	9	6	8	7	3
7	3	8	4	1	2	9	6	5
2	7	6	9	5	3	4	1	8
5	1	3	6	8	4	2	9	7
9	8	4	2	7	1	3	5	6
3	6	2	1	4	5	7	8	9
8	4	7	3	6	9	5	2	1
1	9	5	8	2	7	6	3	4

#208

8	2	4	7	6	3	9	5	1
3	9	7	5	1	8	4	2	6
1	5	6	4	9	2	7	3	8
4	8	3	1	7	5	6	9	2
5	6	1	3	2	9	8	4	7
2	7	9	6	8	4	5	1	3
6	3	8	9	5	1	2	7	4
7	4	5	2	3	6	1	8	9
9	1	2	8	4	7	3	6	5

#209

6	9	3	1	2	5	8	4	7
8	1	7	9	6	4	2	3	5
2	5	4	7	8	3	9	1	6
5	4	2	6	9	1	3	7	8
7	6	8	5	3	2	1	9	4
1	3	9	4	7	8	6	5	2
3	7	1	8	4	6	5	2	9
9	2	6	3	5	7	4	8	1
4	8	5	2	1	9	7	6	3

#210

1	7	9	4	3	2	5	6	8
5	2	6	7	9	8	3	1	4
4	3	8	1	5	6	2	7	9
8	5	1	3	2	7	9	4	6
3	6	2	9	8	4	7	5	1
7	9	4	5	6	1	8	3	2
6	8	7	2	4	5	1	9	3
9	4	5	8	1	3	6	2	7
2	1	3	6	7	9	4	8	5

#211

6	7	4	9	3	2	5	8	1
1	3	8	5	6	7	9	4	2
2	5	9	1	8	4	7	3	6
7	6	2	8	4	1	3	5	9
8	9	1	7	5	3	2	6	4
3	4	5	6	2	9	1	7	8
4	8	3	2	1	5	6	9	7
5	2	7	4	9	6	8	1	3
9	1	6	3	7	8	4	2	5

#212

4	7	6	1	3	8	2	5	9
8	2	9	6	7	5	1	4	3
3	5	1	2	4	9	8	7	6
5	4	7	3	8	1	6	9	2
2	1	3	5	9	6	7	8	4
6	9	8	4	2	7	3	1	5
9	3	5	7	1	2	4	6	8
7	6	4	8	5	3	9	2	1
1	8	2	9	6	4	5	3	7

#213

8	5	4	9	1	3	6	2	7
3	7	9	6	2	5	4	8	1
1	6	2	8	7	4	9	5	3
4	8	5	2	6	1	7	3	9
9	1	3	7	5	8	2	4	6
7	2	6	3	4	9	5	1	8
5	4	8	1	9	6	3	7	2
2	9	1	4	3	7	8	6	5
6	3	7	5	8	2	1	9	4

#214

6	5	1	4	7	3	9	8	2
8	2	3	1	5	9	6	7	4
9	4	7	6	2	8	3	5	1
7	3	4	9	6	5	2	1	8
1	9	2	3	8	4	7	6	5
5	8	6	2	1	7	4	9	3
2	6	9	5	4	1	8	3	7
4	7	5	8	3	6	1	2	9
3	1	8	7	9	2	5	4	6

#215

8	3	5	6	4	1	9	2	7
9	2	7	8	3	5	1	6	4
4	1	6	2	7	9	8	3	5
3	5	9	4	2	6	7	8	1
6	4	8	3	1	7	2	5	9
1	7	2	5	9	8	6	4	3
5	6	1	9	8	3	4	7	2
2	9	3	7	6	4	5	1	8
7	8	4	1	5	2	3	9	6

#216

6	5	4	9	3	2	8	1	7
9	8	3	7	6	1	5	4	2
7	1	2	4	8	5	9	6	3
4	3	8	5	7	6	2	9	1
1	6	7	2	4	9	3	8	5
5	2	9	3	1	8	6	7	4
8	4	5	6	2	7	1	3	9
3	9	6	1	5	4	7	2	8
2	7	1	8	9	3	4	5	6

#217

5	7	2	9	4	1	6	3	8
4	9	3	6	8	5	1	7	2
1	6	8	3	7	2	9	5	4
3	5	7	1	6	8	2	4	9
8	4	6	5	2	9	3	1	7
9	2	1	7	3	4	8	6	5
2	1	9	4	5	6	7	8	3
7	8	5	2	1	3	4	9	6
6	3	4	8	9	7	5	2	1

#218

9	6	2	1	7	8	4	5	3
4	1	3	2	6	5	8	9	7
7	8	5	3	9	4	1	6	2
3	5	8	9	2	6	7	1	4
1	2	9	4	5	7	6	3	8
6	7	4	8	1	3	9	2	5
5	3	1	7	8	9	2	4	6
8	9	6	5	4	2	3	7	1
2	4	7	6	3	1	5	8	9

#219

2	7	6	8	1	3	9	4	5
9	3	1	7	4	5	6	8	2
5	4	8	6	2	9	1	3	7
1	9	5	3	8	6	7	2	4
3	6	2	4	5	7	8	9	1
7	8	4	1	9	2	5	6	3
6	1	7	9	3	4	2	5	8
8	2	3	5	6	1	4	7	9
4	5	9	2	7	8	3	1	6

#220

3	7	9	1	4	2	6	8	5
2	5	6	8	9	3	4	1	7
1	8	4	7	5	6	9	3	2
4	1	7	3	8	9	5	2	6
6	9	8	2	7	5	1	4	3
5	3	2	4	6	1	7	9	8
8	4	5	9	3	7	2	6	1
7	2	3	6	1	4	8	5	9
9	6	1	5	2	8	3	7	4

#221

2	1	5	3	8	6	9	4	7
9	8	6	7	4	2	1	3	5
4	7	3	1	5	9	2	8	6
8	9	2	4	7	3	6	5	1
5	6	4	9	1	8	3	7	2
1	3	7	2	6	5	8	9	4
7	4	8	6	9	1	5	2	3
6	2	9	5	3	7	4	1	8
3	5	1	8	2	4	7	6	9

#222

4	2	6	7	8	1	9	5	3
3	8	9	4	2	5	6	7	1
5	7	1	3	9	6	4	8	2
7	5	8	2	6	4	3	1	9
1	4	2	9	3	7	8	6	5
6	9	3	1	5	8	2	4	7
9	6	4	5	7	2	1	3	8
2	1	7	8	4	3	5	9	6
8	3	5	6	1	9	7	2	4

#223

3	4	9	7	2	1	5	6	8
8	5	2	6	9	4	7	1	3
7	1	6	5	8	3	2	4	9
6	3	5	1	4	9	8	7	2
1	8	7	3	5	2	6	9	4
2	9	4	8	7	6	1	3	5
5	6	8	9	3	7	4	2	1
4	7	3	2	1	5	9	8	6
9	2	1	4	6	8	3	5	7

#224

2	8	9	3	7	4	1	6	5
5	7	3	6	1	9	4	2	8
6	1	4	2	8	5	3	7	9
4	6	1	8	2	3	9	5	7
9	2	7	1	5	6	8	3	4
3	5	8	9	4	7	6	1	2
1	9	2	7	3	8	5	4	6
7	4	6	5	9	1	2	8	3
8	3	5	4	6	2	7	9	1

#225

9	4	1	2	5	8	6	3	7
3	8	2	6	4	7	1	9	5
7	6	5	1	3	9	4	8	2
1	3	8	5	9	2	7	4	6
2	7	9	4	6	3	5	1	8
6	5	4	7	8	1	9	2	3
5	1	7	3	2	4	8	6	9
4	9	3	8	7	6	2	5	1
8	2	6	9	1	5	3	7	4

#226

5	6	3	7	1	9	2	8	4
2	1	7	3	8	4	5	6	9
4	9	8	5	2	6	7	3	1
3	5	2	9	7	1	8	4	6
7	4	1	8	6	5	3	9	2
9	8	6	4	3	2	1	5	7
1	2	5	6	9	8	4	7	3
6	3	4	1	5	7	9	2	8
8	7	9	2	4	3	6	1	5

#227

9	3	8	5	1	7	6	4	2
5	6	2	4	9	8	1	7	3
4	1	7	2	3	6	8	5	9
8	5	6	7	4	2	3	9	1
2	4	3	9	8	1	5	6	7
7	9	1	3	6	5	2	8	4
3	2	5	8	7	9	4	1	6
6	8	9	1	2	4	7	3	5
1	7	4	6	5	3	9	2	8

#228

8	2	4	6	9	1	5	7	3
1	3	9	2	5	7	8	6	4
5	6	7	4	8	3	1	2	9
4	1	8	3	7	6	9	5	2
9	7	2	8	1	5	4	3	6
6	5	3	9	2	4	7	8	1
2	8	1	5	3	9	6	4	7
7	4	5	1	6	2	3	9	8
3	9	6	7	4	8	2	1	5

#229

9	1	6	8	3	2	4	7	5
4	7	2	1	5	6	8	9	3
5	8	3	7	9	4	6	1	2
2	6	4	9	1	7	3	5	8
3	9	8	4	6	5	7	2	1
1	5	7	3	2	8	9	4	6
8	3	9	5	4	1	2	6	7
7	2	1	6	8	9	5	3	4
6	4	5	2	7	3	1	8	9

#230

7	9	4	1	5	2	6	8	3
2	3	1	6	8	9	4	5	7
5	8	6	4	7	3	2	1	9
4	7	9	3	6	5	8	2	1
6	1	8	2	4	7	9	3	5
3	5	2	9	1	8	7	6	4
1	2	7	5	9	6	3	4	8
9	6	5	8	3	4	1	7	2
8	4	3	7	2	1	5	9	6

#231

5	8	4	9	1	3	6	7	2
7	1	9	4	6	2	3	8	5
3	2	6	5	8	7	1	4	9
9	7	3	1	4	8	2	5	6
2	4	5	6	3	9	8	1	7
1	6	8	2	7	5	4	9	3
8	3	2	7	5	1	9	6	4
6	5	1	3	9	4	7	2	8
4	9	7	8	2	6	5	3	1

#232

4	9	1	8	7	5	2	3	6
6	3	7	2	4	1	8	9	5
2	8	5	9	3	6	4	7	1
7	1	2	3	9	8	5	6	4
9	6	8	7	5	4	3	1	2
3	5	4	6	1	2	7	8	9
5	4	6	1	8	7	9	2	3
1	7	3	5	2	9	6	4	8
8	2	9	4	6	3	1	5	7

#233

3	4	7	9	1	6	2	5	8
9	5	8	3	2	7	1	4	6
6	1	2	4	8	5	9	7	3
5	9	4	6	3	8	7	1	2
7	2	6	5	9	1	3	8	4
1	8	3	2	7	4	6	9	5
2	3	5	7	4	9	8	6	1
8	6	9	1	5	2	4	3	7
4	7	1	8	6	3	5	2	9

#234

1	3	8	6	4	7	2	9	5
4	7	9	5	2	8	6	1	3
2	6	5	1	3	9	7	4	8
5	1	6	4	7	3	8	2	9
8	4	7	2	9	5	1	3	6
9	2	3	8	6	1	5	7	4
6	5	4	9	1	2	3	8	7
3	8	1	7	5	4	9	6	2
7	9	2	3	8	6	4	5	1

#235

9	7	6	8	1	3	4	5	2
2	5	3	7	9	4	6	1	8
1	4	8	2	6	5	7	9	3
4	8	1	6	7	9	3	2	5
7	3	2	5	8	1	9	6	4
5	6	9	4	3	2	8	7	1
3	9	4	1	2	6	5	8	7
6	1	7	3	5	8	2	4	9
8	2	5	9	4	7	1	3	6

#236

5	4	2	1	7	6	3	8	9
6	7	8	9	3	4	2	5	1
3	1	9	8	2	5	4	6	7
1	3	7	2	6	8	9	4	5
8	5	6	4	9	7	1	2	3
9	2	4	3	5	1	6	7	8
2	8	5	6	1	9	7	3	4
4	9	3	7	8	2	5	1	6
7	6	1	5	4	3	8	9	2

#237

5	8	9	2	3	7	6	1	4
1	6	3	5	9	4	2	8	7
2	7	4	8	1	6	3	9	5
4	3	6	1	2	5	8	7	9
7	2	5	6	8	9	1	4	3
8	9	1	4	7	3	5	2	6
3	1	7	9	6	2	4	5	8
6	5	8	7	4	1	9	3	2
9	4	2	3	5	8	7	6	1

#238

7	6	8	2	9	1	4	3	5
4	1	2	3	5	8	9	7	6
3	9	5	4	7	6	2	1	8
8	3	1	6	4	5	7	9	2
2	5	9	1	8	7	6	4	3
6	7	4	9	2	3	5	8	1
1	2	7	8	6	9	3	5	4
9	4	3	5	1	2	8	6	7
5	8	6	7	3	4	1	2	9

#239

7	8	4	3	6	5	9	2	1
1	9	3	4	7	2	6	5	8
6	2	5	1	8	9	7	3	4
2	6	8	9	5	4	3	1	7
3	7	9	2	1	8	4	6	5
5	4	1	6	3	7	2	8	9
4	5	6	7	2	1	8	9	3
9	1	2	8	4	3	5	7	6
8	3	7	5	9	6	1	4	2

#240

3	4	8	9	2	7	5	1	6
5	9	2	1	3	6	4	8	7
1	7	6	4	8	5	2	3	9
9	1	5	6	7	8	3	2	4
6	8	3	2	5	4	9	7	1
4	2	7	3	1	9	8	6	5
8	6	4	7	9	3	1	5	2
2	3	9	5	6	1	7	4	8
7	5	1	8	4	2	6	9	3

#241

9	4	2	3	7	5	8	1	6
1	8	6	2	9	4	7	3	5
7	5	3	1	6	8	9	4	2
6	7	4	5	1	3	2	9	8
3	1	8	7	2	9	5	6	4
2	9	5	8	4	6	1	7	3
8	3	9	4	5	1	6	2	7
4	2	1	6	8	7	3	5	9
5	6	7	9	3	2	4	8	1

#242

4	3	7	5	9	1	6	8	2
9	8	2	6	3	7	4	1	5
1	6	5	2	4	8	3	9	7
6	4	1	9	5	3	7	2	8
3	7	9	4	8	2	5	6	1
2	5	8	7	1	6	9	3	4
5	1	3	8	6	4	2	7	9
8	2	4	3	7	9	1	5	6
7	9	6	1	2	5	8	4	3

#243

6	5	3	1	7	8	2	9	4
9	4	8	2	6	3	5	7	1
7	2	1	5	9	4	3	6	8
2	6	5	7	4	9	8	1	3
1	3	9	8	2	5	6	4	7
8	7	4	6	3	1	9	2	5
5	9	7	3	1	6	4	8	2
3	1	6	4	8	2	7	5	9
4	8	2	9	5	7	1	3	6

#244

9	7	6	4	3	5	1	2	8
3	2	8	1	6	7	5	4	9
4	1	5	2	8	9	7	6	3
7	6	1	5	4	3	9	8	2
8	9	3	6	7	2	4	1	5
2	5	4	8	9	1	6	3	7
1	3	7	9	2	6	8	5	4
6	8	9	3	5	4	2	7	1
5	4	2	7	1	8	3	9	6

#245

8	4	6	1	7	2	3	9	5
7	3	5	6	4	9	8	2	1
2	1	9	3	8	5	7	4	6
3	2	4	5	1	7	6	8	9
1	6	8	2	9	3	5	7	4
5	9	7	8	6	4	1	3	2
4	5	3	7	2	1	9	6	8
6	7	2	9	5	8	4	1	3
9	8	1	4	3	6	2	5	7

#246

5	9	3	6	1	7	4	8	2
4	1	2	9	8	3	5	7	6
7	6	8	4	5	2	1	9	3
1	5	9	3	7	4	2	6	8
6	8	7	5	2	9	3	1	4
2	3	4	8	6	1	7	5	9
8	2	1	7	3	6	9	4	5
9	7	6	2	4	5	8	3	1
3	4	5	1	9	8	6	2	7

#247

5	1	6	4	8	7	2	3	9
7	3	9	1	2	5	6	4	8
2	4	8	9	3	6	1	7	5
9	7	1	2	4	8	5	6	3
6	8	4	7	5	3	9	2	1
3	5	2	6	9	1	4	8	7
8	9	3	5	6	2	7	1	4
1	6	5	8	7	4	3	9	2
4	2	7	3	1	9	8	5	6

#248

6	5	8	2	9	4	7	3	1
9	1	3	8	5	7	2	4	6
7	4	2	1	6	3	8	5	9
3	9	4	5	8	6	1	2	7
1	2	5	3	7	9	6	8	4
8	6	7	4	1	2	5	9	3
5	8	9	7	4	1	3	6	2
4	3	1	6	2	5	9	7	8
2	7	6	9	3	8	4	1	5

#249

7	4	6	5	9	3	2	1	8
3	9	2	4	1	8	7	6	5
1	8	5	6	7	2	4	3	9
9	3	1	7	6	4	8	5	2
6	5	7	2	8	9	1	4	3
4	2	8	1	3	5	9	7	6
2	7	3	8	4	6	5	9	1
8	6	4	9	5	1	3	2	7
5	1	9	3	2	7	6	8	4

#250

4	6	3	7	1	8	9	5	2
9	8	5	2	6	3	4	1	7
7	1	2	4	5	9	3	6	8
5	7	8	6	4	2	1	9	3
3	4	9	8	7	1	5	2	6
1	2	6	3	9	5	8	7	4
8	9	4	1	2	6	7	3	5
6	5	7	9	3	4	2	8	1
2	3	1	5	8	7	6	4	9

#251

5	4	1	7	2	3	9	6	8
6	7	2	8	1	9	3	5	4
9	3	8	5	4	6	1	7	2
7	5	9	3	8	2	6	4	1
8	6	4	9	5	1	2	3	7
1	2	3	4	6	7	8	9	5
2	8	7	6	9	4	5	1	3
4	1	6	2	3	5	7	8	9
3	9	5	1	7	8	4	2	6

#252

1	3	7	2	9	5	6	8	4
5	9	4	6	3	8	2	1	7
8	2	6	1	4	7	9	3	5
3	7	1	9	8	2	4	5	6
2	4	5	3	1	6	8	7	9
9	6	8	7	5	4	3	2	1
6	5	3	4	2	1	7	9	8
7	1	2	8	6	9	5	4	3
4	8	9	5	7	3	1	6	2

#253

5	2	6	7	4	1	9	3	8
8	7	1	6	3	9	2	5	4
9	3	4	2	5	8	7	6	1
1	5	2	3	6	4	8	7	9
3	8	7	1	9	2	6	4	5
6	4	9	8	7	5	1	2	3
4	6	5	9	1	7	3	8	2
2	9	3	5	8	6	4	1	7
7	1	8	4	2	3	5	9	6

#254

4	1	7	6	3	8	5	9	2
5	3	2	7	4	9	8	1	6
9	6	8	1	5	2	3	4	7
6	9	5	3	8	7	4	2	1
2	7	1	4	9	5	6	8	3
8	4	3	2	1	6	7	5	9
7	8	9	5	2	3	1	6	4
3	5	4	9	6	1	2	7	8
1	2	6	8	7	4	9	3	5

#255

3	8	6	4	2	9	7	1	5
7	5	9	1	3	8	4	2	6
2	1	4	5	7	6	8	3	9
6	2	7	9	1	3	5	8	4
4	3	5	8	6	2	1	9	7
1	9	8	7	5	4	3	6	2
8	4	3	6	9	5	2	7	1
5	6	1	2	8	7	9	4	3
9	7	2	3	4	1	6	5	8

#256

5	4	8	9	7	3	2	6	1
2	6	3	1	5	8	4	9	7
9	7	1	4	2	6	3	5	8
6	5	2	7	4	9	1	8	3
1	8	7	6	3	5	9	2	4
4	3	9	2	8	1	5	7	6
8	9	4	5	1	7	6	3	2
7	1	5	3	6	2	8	4	9
3	2	6	8	9	4	7	1	5

#257

2	8	6	4	9	1	3	7	5
7	1	4	3	6	5	2	8	9
3	9	5	2	8	7	1	6	4
4	3	2	7	1	9	6	5	8
8	5	9	6	3	2	4	1	7
1	6	7	5	4	8	9	2	3
5	4	8	9	2	6	7	3	1
6	7	3	1	5	4	8	9	2
9	2	1	8	7	3	5	4	6

#258

1	2	5	8	3	4	6	7	9
6	4	7	1	9	5	8	3	2
9	3	8	2	6	7	1	4	5
5	7	2	3	8	1	4	9	6
4	6	3	9	7	2	5	1	8
8	1	9	5	4	6	7	2	3
7	9	1	6	2	8	3	5	4
3	8	4	7	5	9	2	6	1
2	5	6	4	1	3	9	8	7

#259

7	1	4	2	3	5	9	6	8
5	2	9	8	4	6	1	7	3
3	8	6	9	1	7	5	2	4
8	7	5	3	6	9	2	4	1
1	9	2	4	5	8	6	3	7
4	6	3	1	7	2	8	5	9
2	3	8	6	9	4	7	1	5
6	5	1	7	8	3	4	9	2
9	4	7	5	2	1	3	8	6

#260

4	7	9	8	2	3	1	5	6
5	6	2	9	1	4	3	8	7
1	3	8	5	7	6	4	2	9
9	8	5	4	3	7	6	1	2
6	1	4	2	9	5	7	3	8
3	2	7	1	6	8	9	4	5
7	5	6	3	8	1	2	9	4
8	9	1	6	4	2	5	7	3
2	4	3	7	5	9	8	6	1

#261

7	5	6	2	4	8	3	1	9
3	1	4	9	6	7	8	5	2
8	2	9	3	1	5	4	6	7
9	8	5	4	2	3	6	7	1
4	6	7	8	5	1	2	9	3
1	3	2	6	7	9	5	8	4
6	4	1	7	8	2	9	3	5
2	7	3	5	9	6	1	4	8
5	9	8	1	3	4	7	2	6

#262

7	2	5	3	8	4	1	6	9
4	1	9	6	2	7	5	3	8
6	3	8	1	9	5	2	7	4
9	4	1	8	7	2	6	5	3
8	7	3	5	6	1	4	9	2
5	6	2	4	3	9	8	1	7
1	9	6	2	4	3	7	8	5
2	8	7	9	5	6	3	4	1
3	5	4	7	1	8	9	2	6

#263

4	5	8	6	7	1	9	2	3
6	1	3	9	2	5	7	8	4
7	2	9	3	8	4	6	5	1
9	7	5	2	3	8	1	4	6
8	3	4	5	1	6	2	9	7
1	6	2	7	4	9	8	3	5
5	9	7	4	6	2	3	1	8
3	4	1	8	9	7	5	6	2
2	8	6	1	5	3	4	7	9

#264

9	1	2	4	6	8	7	5	3
7	5	6	1	3	2	9	4	8
8	4	3	9	5	7	2	1	6
3	8	9	2	4	5	6	7	1
6	7	4	8	1	9	3	2	5
1	2	5	3	7	6	4	8	9
5	6	1	7	9	4	8	3	2
2	9	7	5	8	3	1	6	4
4	3	8	6	2	1	5	9	7

#265

6	7	8	3	9	4	5	1	2
2	1	3	6	5	8	9	7	4
4	5	9	7	1	2	8	6	3
5	8	7	2	3	6	4	9	1
9	6	1	4	7	5	2	3	8
3	2	4	9	8	1	6	5	7
1	3	6	8	4	9	7	2	5
7	4	2	5	6	3	1	8	9
8	9	5	1	2	7	3	4	6

#266

6	4	3	8	9	2	5	1	7
1	9	8	3	7	5	6	2	4
5	2	7	6	1	4	8	9	3
2	5	4	9	3	7	1	8	6
3	6	9	4	8	1	2	7	5
8	7	1	2	5	6	4	3	9
7	8	5	1	4	9	3	6	2
9	3	6	5	2	8	7	4	1
4	1	2	7	6	3	9	5	8

#267

2	5	6	4	9	8	1	3	7
9	1	8	3	6	7	5	4	2
3	4	7	5	2	1	8	9	6
1	8	2	9	7	6	4	5	3
5	6	3	8	4	2	7	1	9
4	7	9	1	5	3	2	6	8
7	3	5	2	1	9	6	8	4
8	2	1	6	3	4	9	7	5
6	9	4	7	8	5	3	2	1

#268

5	4	1	9	8	2	7	6	3
6	8	7	1	5	3	9	2	4
3	2	9	4	6	7	1	5	8
9	7	2	8	3	1	5	4	6
4	5	8	6	2	9	3	1	7
1	6	3	5	7	4	2	8	9
8	1	6	3	9	5	4	7	2
7	3	5	2	4	6	8	9	1
2	9	4	7	1	8	6	3	5

#269

1	5	2	6	7	4	9	8	3
3	9	8	5	1	2	4	7	6
7	4	6	9	3	8	5	1	2
5	8	7	3	9	6	1	2	4
9	2	3	1	4	7	8	6	5
4	6	1	2	8	5	3	9	7
6	7	9	4	5	1	2	3	8
2	3	5	8	6	9	7	4	1
8	1	4	7	2	3	6	5	9

#270

5	7	2	6	4	9	3	1	8
3	4	1	2	8	5	7	9	6
9	8	6	7	3	1	5	4	2
8	5	4	3	1	6	9	2	7
7	1	3	8	9	2	6	5	4
2	6	9	4	5	7	8	3	1
1	2	5	9	6	8	4	7	3
6	3	7	5	2	4	1	8	9
4	9	8	1	7	3	2	6	5

#271

4	3	6	5	1	7	2	9	8
9	2	5	6	8	3	7	1	4
1	8	7	4	9	2	3	5	6
7	4	2	9	6	5	8	3	1
6	9	3	1	2	8	5	4	7
8	5	1	7	3	4	9	6	2
2	6	8	3	4	9	1	7	5
3	7	4	8	5	1	6	2	9
5	1	9	2	7	6	4	8	3

#272

6	3	5	2	7	8	4	1	9
4	1	7	3	9	5	8	6	2
9	2	8	1	4	6	5	7	3
5	9	1	7	2	4	6	3	8
7	6	2	8	3	9	1	5	4
8	4	3	6	5	1	9	2	7
1	7	6	9	8	2	3	4	5
3	5	9	4	6	7	2	8	1
2	8	4	5	1	3	7	9	6

#273

9	2	6	3	7	8	4	5	1
1	7	8	4	5	9	2	3	6
4	5	3	1	2	6	9	8	7
3	9	7	8	4	2	1	6	5
8	1	2	6	3	5	7	9	4
5	6	4	9	1	7	8	2	3
6	8	5	7	9	1	3	4	2
2	4	1	5	8	3	6	7	9
7	3	9	2	6	4	5	1	8

#274

7	6	8	9	5	3	2	1	4
2	9	3	4	6	1	8	5	7
4	1	5	7	8	2	3	9	6
9	4	2	3	7	6	1	8	5
3	5	7	1	9	8	6	4	2
1	8	6	2	4	5	9	7	3
6	7	1	8	2	4	5	3	9
8	2	4	5	3	9	7	6	1
5	3	9	6	1	7	4	2	8

#275

7	3	6	4	8	5	9	1	2
2	1	8	9	3	6	4	5	7
5	9	4	7	2	1	3	6	8
4	8	7	1	9	3	6	2	5
3	5	1	2	6	4	8	7	9
6	2	9	8	5	7	1	4	3
1	6	5	3	7	9	2	8	4
8	7	3	6	4	2	5	9	1
9	4	2	5	1	8	7	3	6

#276

1	8	9	5	7	3	4	6	2
6	7	4	2	1	9	8	5	3
2	5	3	8	6	4	7	9	1
8	9	1	6	3	5	2	7	4
4	2	6	7	9	1	5	3	8
7	3	5	4	2	8	6	1	9
5	1	8	9	4	6	3	2	7
9	4	7	3	5	2	1	8	6
3	6	2	1	8	7	9	4	5

#277

8	1	2	6	4	7	5	9	3
3	9	4	8	5	1	6	2	7
7	5	6	2	9	3	8	4	1
9	7	5	3	1	8	4	6	2
6	8	1	7	2	4	9	3	5
2	4	3	9	6	5	1	7	8
1	6	9	5	3	2	7	8	4
5	2	7	4	8	6	3	1	9
4	3	8	1	7	9	2	5	6

#278

1	7	3	2	9	5	8	6	4
6	2	4	1	7	8	5	9	3
5	9	8	6	4	3	7	2	1
3	1	5	9	2	6	4	7	8
9	4	6	7	8	1	3	5	2
2	8	7	5	3	4	9	1	6
8	6	9	4	5	2	1	3	7
7	3	1	8	6	9	2	4	5
4	5	2	3	1	7	6	8	9

#279

1	2	9	6	7	8	5	3	4
7	6	4	1	5	3	9	2	8
5	8	3	2	4	9	7	1	6
4	1	5	3	2	6	8	9	7
9	7	2	4	8	1	3	6	5
6	3	8	7	9	5	2	4	1
3	9	7	8	6	4	1	5	2
2	4	1	5	3	7	6	8	9
8	5	6	9	1	2	4	7	3

#280

3	2	5	6	8	9	4	7	1
1	8	7	2	5	4	6	9	3
6	4	9	1	3	7	2	8	5
8	3	4	7	1	5	9	6	2
5	7	6	9	2	3	1	4	8
9	1	2	4	6	8	3	5	7
7	6	8	3	4	1	5	2	9
2	5	1	8	9	6	7	3	4
4	9	3	5	7	2	8	1	6

#281

7	9	5	1	4	8	6	2	3
1	6	8	2	5	3	9	7	4
3	4	2	6	7	9	5	8	1
9	1	7	4	6	2	3	5	8
6	5	3	8	9	7	1	4	2
2	8	4	3	1	5	7	6	9
5	3	6	9	8	4	2	1	7
4	7	9	5	2	1	8	3	6
8	2	1	7	3	6	4	9	5

#282

5	4	1	8	6	2	9	7	3
9	2	3	4	1	7	6	5	8
8	6	7	5	9	3	4	1	2
3	9	6	1	7	4	2	8	5
4	1	5	9	2	8	3	6	7
2	7	8	3	5	6	1	9	4
7	3	4	6	8	1	5	2	9
6	5	2	7	3	9	8	4	1
1	8	9	2	4	5	7	3	6

#283

3	1	4	2	8	7	5	9	6
7	6	8	1	9	5	3	2	4
9	2	5	4	6	3	1	8	7
2	7	3	6	5	4	8	1	9
1	5	6	8	2	9	4	7	3
4	8	9	7	3	1	2	6	5
5	3	2	9	7	8	6	4	1
6	9	1	3	4	2	7	5	8
8	4	7	5	1	6	9	3	2

#284

5	2	4	3	8	7	1	9	6
1	7	9	4	2	6	5	3	8
3	6	8	5	9	1	7	2	4
6	9	7	1	3	8	2	4	5
2	1	3	7	5	4	6	8	9
8	4	5	9	6	2	3	1	7
4	8	2	6	1	5	9	7	3
9	5	1	8	7	3	4	6	2
7	3	6	2	4	9	8	5	1

#285

7	8	9	1	4	6	2	5	3
1	2	6	3	8	5	4	9	7
4	3	5	7	9	2	6	8	1
6	7	8	5	3	9	1	4	2
3	5	1	8	2	4	7	6	9
9	4	2	6	1	7	5	3	8
8	6	7	2	5	3	9	1	4
2	1	4	9	6	8	3	7	5
5	9	3	4	7	1	8	2	6

#286

5	6	3	7	8	2	9	1	4
1	9	4	6	5	3	2	8	7
8	7	2	9	4	1	3	6	5
9	5	6	2	3	7	1	4	8
7	3	8	4	1	5	6	2	9
4	2	1	8	9	6	5	7	3
6	8	9	3	2	4	7	5	1
2	4	5	1	7	9	8	3	6
3	1	7	5	6	8	4	9	2

#287

7	1	3	2	9	5	6	4	8
2	8	6	7	1	4	9	3	5
5	9	4	8	3	6	1	2	7
8	4	1	6	5	2	7	9	3
6	2	5	9	7	3	8	1	4
3	7	9	4	8	1	5	6	2
1	3	8	5	4	9	2	7	6
9	5	2	3	6	7	4	8	1
4	6	7	1	2	8	3	5	9

#288

3	7	8	9	6	4	5	1	2
4	2	1	8	3	5	6	9	7
9	6	5	1	2	7	3	4	8
5	9	7	3	8	1	2	6	4
6	3	2	4	7	9	1	8	5
8	1	4	6	5	2	9	7	3
7	4	6	2	9	3	8	5	1
2	5	9	7	1	8	4	3	6
1	8	3	5	4	6	7	2	9

#289

9	4	7	2	5	3	8	6	1
8	5	3	6	1	7	4	9	2
1	2	6	9	8	4	7	3	5
2	8	9	7	3	6	5	1	4
7	3	4	1	9	5	6	2	8
5	6	1	4	2	8	9	7	3
3	9	8	5	7	2	1	4	6
6	1	2	8	4	9	3	5	7
4	7	5	3	6	1	2	8	9

#290

4	2	3	6	8	5	1	9	7
6	5	1	7	2	9	4	8	3
9	8	7	1	3	4	6	5	2
5	6	9	2	4	1	3	7	8
3	4	2	5	7	8	9	1	6
7	1	8	3	9	6	5	2	4
2	9	6	4	1	7	8	3	5
1	7	5	8	6	3	2	4	9
8	3	4	9	5	2	7	6	1

#291

3	1	4	5	7	8	9	6	2
2	8	9	3	6	4	7	1	5
6	5	7	9	1	2	4	8	3
8	7	6	1	3	5	2	4	9
5	9	2	4	8	7	6	3	1
1	4	3	6	2	9	5	7	8
9	2	8	7	4	1	3	5	6
4	6	5	8	9	3	1	2	7
7	3	1	2	5	6	8	9	4

#292

7	5	6	8	2	9	3	1	4
1	8	4	7	6	3	9	5	2
9	2	3	4	1	5	8	7	6
3	1	2	9	7	8	6	4	5
8	6	5	1	4	2	7	3	9
4	7	9	3	5	6	1	2	8
6	4	7	2	8	1	5	9	3
2	9	8	5	3	7	4	6	1
5	3	1	6	9	4	2	8	7

#293

9	2	7	8	1	4	6	3	5
4	6	5	2	9	3	7	1	8
3	8	1	6	7	5	4	2	9
7	9	3	1	6	8	5	4	2
1	4	8	5	2	7	3	9	6
6	5	2	3	4	9	1	8	7
8	1	6	7	3	2	9	5	4
2	3	4	9	5	6	8	7	1
5	7	9	4	8	1	2	6	3

#294

7	9	6	1	2	3	8	5	4
2	4	5	9	8	7	6	3	1
8	3	1	5	4	6	9	2	7
3	2	9	7	5	1	4	6	8
4	6	8	3	9	2	1	7	5
1	5	7	8	6	4	3	9	2
9	1	2	4	3	5	7	8	6
5	8	4	6	7	9	2	1	3
6	7	3	2	1	8	5	4	9

#295

5	1	6	7	8	4	3	2	9
4	7	3	6	9	2	5	8	1
8	9	2	5	3	1	6	7	4
2	8	4	3	5	7	9	1	6
9	6	1	4	2	8	7	3	5
3	5	7	1	6	9	2	4	8
7	4	9	2	1	5	8	6	3
1	3	8	9	7	6	4	5	2
6	2	5	8	4	3	1	9	7

#296

6	2	5	3	9	8	1	7	4
9	1	4	7	2	6	5	3	8
8	3	7	4	1	5	9	6	2
4	6	3	9	7	1	8	2	5
1	7	9	5	8	2	3	4	6
2	5	8	6	4	3	7	1	9
5	9	6	2	3	7	4	8	1
3	8	2	1	5	4	6	9	7
7	4	1	8	6	9	2	5	3

#297

1	7	8	3	6	9	5	2	4
3	2	6	5	1	4	9	8	7
9	5	4	2	7	8	1	3	6
8	3	9	1	5	7	6	4	2
4	1	2	6	9	3	7	5	8
5	6	7	8	4	2	3	1	9
6	4	1	9	8	5	2	7	3
2	8	5	7	3	6	4	9	1
7	9	3	4	2	1	8	6	5

#298

7	2	6	5	4	1	3	9	8
8	1	5	2	3	9	6	4	7
4	3	9	8	7	6	2	1	5
3	9	1	4	2	5	7	8	6
2	6	8	7	1	3	9	5	4
5	7	4	6	9	8	1	2	3
9	8	7	1	6	4	5	3	2
1	5	2	3	8	7	4	6	9
6	4	3	9	5	2	8	7	1

#299

7	1	9	8	6	2	4	3	5
5	6	3	1	4	7	8	2	9
8	4	2	3	5	9	6	7	1
6	3	7	2	1	5	9	4	8
2	8	1	6	9	4	7	5	3
4	9	5	7	8	3	2	1	6
1	2	8	5	7	6	3	9	4
9	7	6	4	3	1	5	8	2
3	5	4	9	2	8	1	6	7

#300

2	1	3	4	6	8	9	5	7
4	9	8	7	5	3	6	2	1
5	6	7	2	1	9	4	8	3
9	5	4	3	2	7	8	1	6
8	2	1	5	9	6	7	3	4
7	3	6	8	4	1	2	9	5
3	4	2	9	7	5	1	6	8
1	7	5	6	8	2	3	4	9
6	8	9	1	3	4	5	7	2

#301

4	3	6	9	1	2	5	7	8
5	8	2	7	4	6	1	9	3
1	9	7	8	3	5	4	6	2
2	4	8	6	7	9	3	5	1
9	7	3	2	5	1	6	8	4
6	1	5	4	8	3	7	2	9
7	2	9	1	6	4	8	3	5
8	5	1	3	2	7	9	4	6
3	6	4	5	9	8	2	1	7

#302

2	9	6	4	3	8	5	1	7
7	3	4	1	5	6	2	8	9
1	5	8	7	9	2	3	4	6
4	2	1	9	7	3	6	5	8
8	6	9	5	2	1	7	3	4
5	7	3	6	8	4	9	2	1
3	4	2	8	6	9	1	7	5
6	1	5	3	4	7	8	9	2
9	8	7	2	1	5	4	6	3

#303

7	5	4	6	8	2	1	9	3
3	8	2	1	7	9	4	5	6
9	6	1	4	5	3	2	8	7
6	2	5	9	1	4	3	7	8
4	9	7	8	3	5	6	1	2
8	1	3	7	2	6	9	4	5
2	3	8	5	4	1	7	6	9
1	7	9	3	6	8	5	2	4
5	4	6	2	9	7	8	3	1

#304

1	9	7	4	2	3	8	5	6
5	4	8	1	9	6	7	2	3
6	2	3	8	7	5	4	1	9
3	6	4	5	1	7	9	8	2
8	1	5	9	4	2	6	3	7
2	7	9	3	6	8	1	4	5
4	3	1	7	5	9	2	6	8
9	5	6	2	8	4	3	7	1
7	8	2	6	3	1	5	9	4

#305

7	3	9	5	8	6	4	2	1
4	1	5	2	9	3	8	7	6
8	6	2	7	1	4	3	5	9
1	2	8	3	5	9	7	6	4
3	5	7	6	4	1	2	9	8
6	9	4	8	7	2	1	3	5
2	4	1	9	3	5	6	8	7
5	7	6	4	2	8	9	1	3
9	8	3	1	6	7	5	4	2

#306

3	8	5	6	4	1	9	2	7
4	1	6	7	2	9	5	8	3
7	9	2	5	3	8	4	6	1
9	7	8	3	6	4	1	5	2
5	6	1	2	8	7	3	4	9
2	4	3	9	1	5	8	7	6
6	5	7	4	9	3	2	1	8
8	2	9	1	5	6	7	3	4
1	3	4	8	7	2	6	9	5

#307

1	7	3	9	8	4	2	6	5
8	2	5	6	1	3	7	4	9
6	4	9	2	5	7	3	8	1
4	5	7	8	3	1	9	2	6
2	6	1	7	4	9	5	3	8
3	9	8	5	2	6	1	7	4
7	3	4	1	6	5	8	9	2
5	8	6	3	9	2	4	1	7
9	1	2	4	7	8	6	5	3

#308

3	8	1	4	5	7	2	6	9
7	5	2	9	1	6	4	8	3
6	9	4	2	8	3	1	5	7
2	1	7	6	9	8	3	4	5
5	4	9	3	2	1	6	7	8
8	3	6	7	4	5	9	1	2
1	6	3	5	7	2	8	9	4
4	2	5	8	6	9	7	3	1
9	7	8	1	3	4	5	2	6

#309

9	1	5	7	2	6	3	8	4
4	8	7	1	9	3	5	6	2
2	6	3	5	4	8	7	1	9
3	9	6	2	1	4	8	7	5
7	4	1	8	3	5	2	9	6
5	2	8	6	7	9	1	4	3
1	3	9	4	8	2	6	5	7
8	5	4	3	6	7	9	2	1
6	7	2	9	5	1	4	3	8

#310

9	4	5	3	7	1	6	2	8
6	1	8	2	9	5	3	7	4
7	3	2	8	4	6	9	1	5
1	5	4	7	6	8	2	3	9
8	7	3	5	2	9	1	4	6
2	9	6	4	1	3	5	8	7
3	6	7	9	8	2	4	5	1
5	8	1	6	3	4	7	9	2
4	2	9	1	5	7	8	6	3

#311

8	2	9	7	6	3	1	4	5
1	7	3	4	5	2	6	8	9
4	5	6	9	8	1	2	7	3
7	6	5	8	3	4	9	1	2
9	1	2	6	7	5	8	3	4
3	8	4	1	2	9	5	6	7
2	3	1	5	4	8	7	9	6
6	4	8	2	9	7	3	5	1
5	9	7	3	1	6	4	2	8

#312

9	3	7	1	5	8	4	6	2
6	2	1	9	4	7	8	5	3
4	8	5	2	6	3	7	9	1
5	4	9	3	1	6	2	7	8
2	7	8	5	9	4	3	1	6
3	1	6	8	7	2	9	4	5
8	5	4	6	3	9	1	2	7
1	9	3	7	2	5	6	8	4
7	6	2	4	8	1	5	3	9

#313

7	8	3	4	6	2	9	1	5
9	2	6	1	5	8	4	7	3
5	4	1	9	3	7	2	8	6
3	7	9	8	1	6	5	4	2
2	1	4	7	9	5	3	6	8
8	6	5	3	2	4	1	9	7
1	9	8	5	7	3	6	2	4
6	5	7	2	4	9	8	3	1
4	3	2	6	8	1	7	5	9

#314

7	8	3	6	5	9	1	2	4
9	1	4	7	8	2	3	6	5
2	5	6	4	3	1	9	7	8
8	9	7	2	1	3	5	4	6
4	3	1	8	6	5	7	9	2
5	6	2	9	4	7	8	1	3
3	7	8	1	2	6	4	5	9
6	4	9	5	7	8	2	3	1
1	2	5	3	9	4	6	8	7

#315

4	9	2	7	8	3	6	1	5
6	3	1	5	4	9	2	8	7
5	8	7	1	2	6	9	3	4
8	1	6	4	3	2	5	7	9
9	2	5	6	1	7	3	4	8
3	7	4	9	5	8	1	6	2
2	5	8	3	6	4	7	9	1
7	4	3	2	9	1	8	5	6
1	6	9	8	7	5	4	2	3

#316

4	1	8	3	2	6	9	5	7
2	5	7	4	9	1	3	6	8
9	6	3	8	5	7	4	2	1
6	8	5	1	4	9	7	3	2
1	4	2	6	7	3	8	9	5
7	3	9	2	8	5	6	1	4
8	2	6	9	1	4	5	7	3
3	7	1	5	6	8	2	4	9
5	9	4	7	3	2	1	8	6

#317

4	2	1	6	8	5	3	7	9
3	5	8	7	9	1	4	2	6
7	9	6	2	3	4	8	5	1
5	4	9	8	1	2	6	3	7
2	8	7	3	6	9	1	4	5
1	6	3	5	4	7	9	8	2
8	3	5	1	2	6	7	9	4
9	1	2	4	7	8	5	6	3
6	7	4	9	5	3	2	1	8

#318

7	4	3	8	2	1	9	6	5
6	9	2	5	4	3	8	1	7
5	1	8	7	9	6	2	3	4
4	7	9	1	8	2	6	5	3
3	8	6	4	7	5	1	9	2
1	2	5	6	3	9	4	7	8
2	5	4	9	6	7	3	8	1
9	3	7	2	1	8	5	4	6
8	6	1	3	5	4	7	2	9

#319

6	2	8	4	7	9	3	5	1
3	4	7	5	2	1	6	9	8
5	1	9	6	8	3	7	4	2
9	6	5	2	3	4	1	8	7
4	7	3	8	1	5	9	2	6
2	8	1	7	9	6	5	3	4
7	3	2	1	5	8	4	6	9
8	9	4	3	6	7	2	1	5
1	5	6	9	4	2	8	7	3

#320

3	7	2	4	1	6	9	5	8
9	4	5	8	7	3	6	2	1
1	8	6	9	2	5	7	3	4
4	1	3	6	8	9	5	7	2
7	6	8	1	5	2	3	4	9
2	5	9	3	4	7	8	1	6
5	2	1	7	9	8	4	6	3
8	3	4	5	6	1	2	9	7
6	9	7	2	3	4	1	8	5

www.ingramcontent.com/pod-product-compliance
Lightning Source LLC
Chambersburg PA
CBHW051536240526
45465CB00027B/270

* 9 7 9 8 6 5 1 7 3 1 0 1 5 *